职业教育创新教材

C 语言程序设计

（Microsoft Visual C++ 6.0）

江新顺　郑宝昆　陈　祥　**主　编**

李　静　侯　娟　辛向丽　**副主编**

电子工业出版社

Publishing House of Electronics Industry

北京・BEIJING

内 容 简 介

本书介绍 Visual C++的编程环境，着重介绍 C 语言的基本概念、语法规则，数据类型、运算符及表达式；顺序结构程序设计，分支结构程序设计，循环结构程序设计；函数、数组、指针、编译预处理及文件，结构化程序设计的基本思想和基本方法。

本书以项目为引导、以任务驱动为手段来组织内容。内容的选取体现以就业为导向，以能力为本位，以学生为本的原则，注重理论与实践的结合。内容的呈现方式符合学生的认知特点。

本书注重学生实践技能的培养。通过设计算法和计算机程序去解决实际问题或案例，培养学生初步具有使用 C 编程语言解决实际问题的能力，也培养学生的逻辑思维能力。

本书适用对象是 3 年制中职（中专）学校、5 年制高职计算机专业学生及非计算机专业学生，计算机等级考试培训班学员，广大 C 语言自学者。

图书在版编目（CIP）数据

C 语言程序设计 Microsoft Visual C++ 6.0 / 江新顺，郑宝昆，陈祥主编. —北京：电子工业出版社，2014.3
职业教育创新教材

ISBN 978-7-121-21306-9

Ⅰ. ①C… Ⅱ. ①江… ②郑… ③陈… Ⅲ. ①C 语言—程序设计—高等学校—教材 Ⅳ. ①TP312

中国版本图书馆 CIP 数据核字（2013）第 197666 号

策划编辑：施玉新
责任编辑：郝黎明
印　　刷：三河市鑫金马印装有限公司
装　　订：三河市鑫金马印装有限公司
出版发行：电子工业出版社
　　　　　北京市海淀区万寿路 173 信箱　邮编　100036
开　　本：787×1 092　1/16　印张：16　字数：409.6 千字
印　　次：2014 年 3 月第 1 次印刷
定　　价：32.00 元

凡所购买电子工业出版社图书有缺损问题，请向购买书店调换。若书店售缺，请与本社发行部联系，联系及邮购电话：（010）88254888。

质量投诉请发邮件至 zlts@phei.com.cn，盗版侵权举报请发邮件至 dbqq@phei.com.cn。

服务热线：（010）88258888。

前　言

　　C 是主流的计算机程序设计语言，它既有高级语言的特点，又具有汇编语言的特点，是众多计算机语言中较优秀的结构化程序设计语言之一，应用范围非常广泛。C 既可以应用于低级系统程序设计，又可以应用于高级系统程序设计，还可以应用于嵌入式程序设计。

　　本书以项目为引导、以任务驱动为手段来组织内容。共设置 11 个项目，每个项目中设置若干任务；部分项目内容较多，增加设置相应的专题。从学生的认知规律出发，在每个任务中，设立了学习目标、任务下达、知识链接、实践向导和小试牛刀等栏目。

　　项目一～九是基础模块。是学生必修的基础性内容和应该达到的基本要求。基础模块总的教学时数建议为 42 学时。

　　项目十、十一是选学模块。是适应专门化方向需要，满足学生个性发展的选学内容，选定后即为该专门化方向的必修内容，教学总的时数为 10 学时。

　　实践教学模块能帮助学生形成基本的 C 程序设计能力，能比较熟练地阅读、理解、编制、调试简单的 C 程序。实践教学模块中对应基础模块为 30 学时、对应选学模块为 4 学时，总的教学时数为 30～34 学时。

　　专题一～五，读者可以根据自己的学习需求，进行更有针对性的学习。

　　书中给出了大量实例，并有习题辅导和上机操作指导，便于读者学习。目的是使学生掌握 C 语言程序设计的基本知识和基本技能。使学生掌握结构化程序设计的基本思想和基本方法，使学生初步具有使用编程语言解决实际问题的能力，培养学生的逻辑思维能力。

　　本书由江新顺、郑宝昆、陈祥担任主编，李静、侯娟、辛向丽担任副主编，其他参编人员有（按姓氏笔画）吕永强、关折澜、杨林发、陈华国、周娟等。

　　由于时间仓促，加之编者水平有限，书中不妥或错误之处，殷切希望广大读者批评指正。

编者

目 录

项目一　认识 C 语言

项目引言

计算机的一切操作都是由程序控制的，离开程序，计算机将一事无成。所以，计算机的本质是程序的机器，程序和指令是计算机系统中最基本的概念。懂得程序设计，就能真正了解计算机是怎样工作的，才能更深入地使用计算机。

所谓程序，就是一组计算机能识别和执行的指令，每一条指令使计算机执行特定的操作。C 语言是优秀的程序设计语言。

本项目主要内容有：

　◇　任务一、了解 C 程序的基本结构
　◇　任务二、了解程序设计的算法描述
　◇　任务三、掌握 C 程序的调试环境

任务一　了解 C 程序的基本结构

学习目标

1．了解 C 语言的发展简史；
2．理解 C 程序的基本框架结构。

知识链接

一、C 语言的发展过程

C 语言是国际上广泛流行的计算机高级语言，它适合作为系统描述语言，既可以用来编写系统软件，也可以用来编写应用软件。早期的操作系统软件主要采用的是汇编语言，但是汇编语言依赖于计算机硬件，程序的可读性和可移植性都比较差，为了提高系统软件的可读性和可移植性，一般改用高级语言。但一般的高级语言难以实现汇编语言的某些功能，人们希望找到一种兼顾一般高级语言和低级语言优点的语言，C 语言就在这样的情况下应运而生了。

1978 年由美国电话电报公司（AT&T）贝尔实验室正式发表了 C 语言。同时由 B.W.Kernighan 和 D.M.Ritchit 合著了著名的"THE C PROGRAMMING LANGUAGE"一书。通常简称为《K&R》，也有人称之为《K&R》标准。但是，在《K&R》中并没有定义一个完整的标准 C 语言，后来由美国国家标准协会。（American National Standards Institute）在此基础上制定了一个 C 语言标准，于 1983 年发表。通常称之为 ANSI C。

在介绍其他内容之前，我们先看看下面这个简单的 C 程序：

```
#include <stdio.h>
void main()              /*主函数*/
{
 printf("Welcome to our world!\n");
}
```

程序运行结果为_____

```
Welcome to our world!
```

再看看下面这个程序：

```
#include <stdio.h>
void main()              /*主函数*/
{
int a,b,sum;             /*声明，定义变量a,b,sum为整型*/
 a=123;                  /*给a赋值为123*/
 b=456;                  /*给b赋值为456*/
 sum=a+b;                /*将a和b相加再赋给sum*/
 printf("a=%d,b=%d,sum=%d\n",a,b,sum);
 /*输出三个变量的值*/
}
```

程序运行结果为_____

```
a=123,b=456,sum=579
```

二、C 语言的特点

C 语言之所以发展迅速，而且成为最受欢迎的语言之一，主要是因为它具有强大的功能。许多著名的系统软件，例如 UNIX/Linux、Windows 都是由 C 语言编写的。

归纳起来，C 语言具有下列特点：

（1）C 语言简洁、紧凑，使用方便、灵活。

（2）运算符丰富，共有 34 种。C 语言把括号、赋值、逗号等都作为运算符处理，从而使 C 语言的运算类型极为丰富，可以实现其他高级语言难以实现的运算。

（3）数据结构类型丰富。

（4）具有结构化的控制语句。

（5）语法限制不太严格，程序设计自由度大。

（6）C 语言允许直接访问物理地址，能进行位（bit）操作，能实现汇编语言的大部分功能，可以直接对硬件进行操作。因此有人把它称为中级语言。

（7）生成目标代码质量高，程序执行效率高。

（8）与汇编语言相比，用 C 语言编写的程序可移植性好。

三、简单的 C 语言程序介绍

上述程序的作用是求两个整数 a，b 的和 sum，并且将 a，b 和 sum 的值输出。从上面的例子中我们可以看出：

（1）C 程序是由函数构成的。一个 C 源程序至少且仅包含一个 main 函数，也可以包含一个 main 函数和若干个其他函数。

（2）一个函数由两部分组成：函数的首部和函数体两个部分。

（3）一个 C 程序总是从 main 函数开始执行的，而且不论 main 函数在整个程序中的位置如何。

（4）C 程序书写格式自由，一行内可以写几个语句，一个语句可以分写在多行上，C 程序没有行号。

（5）每个语句和数据声明的最后必须有一个分号。

（6）C 语言本身没有输入/输出语句，输入和输出的操作是由库函数 scanf 和 printf 函数等来完成的。

（7）可以用/*……*/对 C 程序中的任何部分做注释。

小试牛刀

请根据自己的认识，写出 C 语言的主要特点。

任务二 了解程序设计算法描述

学习目标

1. 掌握算法的含义；
2. 能够看懂流程图，能够实现流程图和程序之间的转换。

任务下达

新学期开始，各个学校都召开新生开学典礼来欢迎新生，在礼堂的屏幕上面都打出了"欢迎新同学"的欢迎词。现设计一个程序完成这个项目。

知识链接

一个程序应包括：

● 对数据的描述。在程序中要指定数据的类型和数据的组织形式，即数据结构（Data Structure）。

● 对操作的描述。即操作步骤，也就是算法（Algorithm）。

著名计算机科学家沃斯（Niklaus Wirth）提出一个经典的公式：数据结构+算法=程序

一、算法

做任何事情都有一定的步骤。为解决一个问题而采取的方法和步骤，就称为算法。

计算机算法：计算机能够执行的算法。

计算机算法可分为两大类：

● 数值运算算法：求解数值；

● 非数值运算算法：事务管理领域。

例如要求 1×2×3×4×5。

最原的始方法如下：

步骤 1：先求 1×2，得到结果 2。

步骤 2：将步骤 1 得到的乘积 2 乘以 3，得到结果 6。

步骤 3：将 6 再乘以 4，得 24。

步骤4：将24再乘以5，得120。

这样的算法虽然正确，但太繁。

改进的算法如下：

S1：使t=1

S2：使i=2

S3：使t×i，乘积仍然放在变量t中，可表示为t×i→t

S4：使i的值+1，即i+1→i

S5：如果i≤5，返回重新执行步骤S3以及其后的S4和S5；否则，算法结束。

一个优秀的算法应该具备以下特性。

（1）有穷性：一个算法应包含有限的操作步骤而不能是无限的。

（2）确定性：算法中每一个步骤应当是确定的，而不能是含糊的、模棱两可的。

（3）有零个或多个输入。

（4）有一个或多个输出。

（5）有效性：算法中每一个步骤应当能有效地执行，并得到确定的结果。

对于程序设计人员，必须会设计算法，并根据算法写出程序。

二、常用的算法表示方法

算法的表示方法有很多种，常用的有自然语言描述、伪代码、流程图、N-S 图等。在这里我们重点介绍流程图。

（1）用自然语言表示算法。

用自然语言表示算法的优点是通俗易懂，但文字冗长，易产生歧义。除了很简单的问题，一般不用自然语言表示算法。

（2）用流程图表示算法。

流程图是一种传统的算法表示法，它利用几何图形框来表示各种不同性质的操作，用流程线来指示算法的执行方向。

一个流程图包括：表示相应操作的框，带箭头的流程线，框内外必要的文字说明。几何图形框的含义如下图所示。

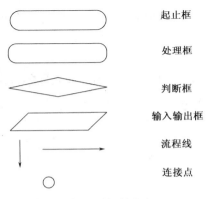

起止框

处理框

判断框

输入输出框

流程线

连接点

几何图形框的含义

例：用流程图表示任务一中的第二个例题，如下图所示。

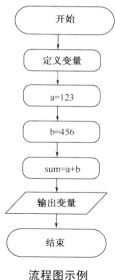

流程图示例

从上述例子中可以看出，用流程图表示算法直观、形象，易于理解，是表示算法的良好工具。

根据结构化程序设计的思想，任何一个程序都由顺序、选择、循环三种基本结构组成。

1. 顺序结构

在执行完语句组 1 所指定的操作后，接着执行语句组 2 所执行的内容。顺序结构是最简单的一种基本结构，如下图所示。

顺序结构

2. 选择结构

又称之为分支结构。根据给定的条件 P 是否成立而选择执行语句组 1 或者语句组 2，不可能两者都执行，并且语句组 1 或者语句组 2 两个框可以有一个是空的，即不执行任何操作，如下图所示。

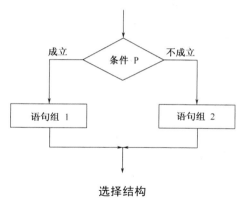

选择结构

3．循环结构

循环结构又称之为重复结构，即反复执行某一部分的操作。有两种类型的循环。

（1）当（while）型循环结构。它的功能是：当给定的条件 P 成立时，执行语句组，执行完后再判断条件 P 是否成立，如果依然成立，再去执行语句组，如此反复去执行语句组，直到某一次条件 P 不成立，才从循环中退出，如下图所示。

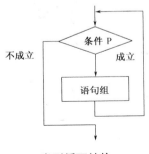

当型循环结构

（2）直到（until）型循环结构。它的功能是：先执行语句组，再去判断给的定条件 P 是否成立，如果成立，再去执行语句组然后再去判断条件 P，如果成立，再去执行语句组，然后再回去判断……如此反复执行，直到给定的条件 P 不成立时，才不再去执行语句组，跳出循环结构，如下图所示。

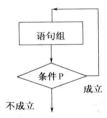

直到型循环结构

这三种基本结构都具有以下的共同特点：

（1）只有一个入口；

（2）只有一个出口；

（3）结构内的每一部分都有机会被执行到；

（4）结构内不存在"死循环"。

1973 年美国的学者 I.Nassi 和 B.Shneiderman 提出了一种新的流程图形式。在这种流程图中，完全去掉了带箭头的流程线。全部的算法都写在一个矩形框内，在这种框内还可以包含其他的从属于他的框。这种流程图又称为 N-S 结构化流程图。

用 N-S 流程图表示顺序结构、选择结构和循环结构分别如下面几个图所示。

1．顺序结构

顺序结构如下图所示。

语句组 1
语句组 2

顺序结构

2．选择结构

选择结构如下图所示。

选择结构

3．循环结构

循环结构如下图所示。

循环结构

‖ 实践向导

该程序要求在屏幕中输出相应的信息，在程序中只需要在原有的函数框架中含有一个输出函数即可（P1-1-1.c）。

```
#include <stdio.h>
void main()
{
 printf("热烈欢迎新同学！");
}
```

‖ 小试牛刀

请参照本章例题编写一个 C 程序，输出以下信息。

任务三 掌握 C 程序的调试环境

‖ 学习目标

1．了解 C 程序函数调用的过程；
2．掌握 C 程序的几种编译环境。

‖ 知识链接

在前面我们看到的用 C 语言编写的程序是源程序，计算机须用编译程序把 C 源程序翻译成目标程序，再与系统的数据库以及其他目标程序连接起来，形成可执行的目标程序。

步骤：

（1）上机输入和编辑源程序；

（2）对源程序进行编译，先用 C 编译系统提供的"预处理器"；

（3）进行连接处理；

（4）运行可执行程序，得到运行结果。

编写好一个程序后，要经过这样几个步骤：上机输入与编辑源程序→对源程序进行编译→与库函数连接→运行目标程序。例如，编辑后得到一个源程序文件 a.c，然后在进行编译时再将源程序文件 a.c 输入，经过编译得到目标文件 a.obj，再将目标程序文件 a.obj 输入内存，与系统提供的库函数等连接，得到可执行的目标程序 a.exe，最后把 a.exe 调入内存并使之运行。其流程图如下图所示。

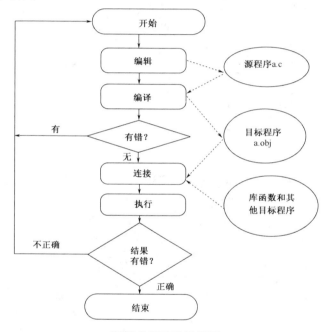

运行 C 程序的流程图

为了编译、连接和运行 C 程序，必须要有相应的编译系统，常用的有 Turbo C2.0、Turbo C++3.0、Visual C++等。20 世纪 90 年代，Turbo C2.0 用得比较多，但 Turbo C2.0 是用于 DOS 的环境，在进入 Turbo C 集成环境后，不能用鼠标进行操作，主要通过键盘选择菜单，不太方便。有的人改用 Turbo C++3.0，它具有方便、直观和易用的界面，虽然它也是 DOS 环境下的集成环境，但是它可以用鼠标操作菜单，因此在 Windows 环境下使用也很方便。近来，不少人用 Visual C++对 C 程序进行编译。Visual C++6.0 既可以对 C++程序进行编译，也可以对 C 程序进行编译。下面给大家介绍一下如何在 Visual C++中对 C 程序进行编译。

学习本课程的目的主要是掌握 C 语言并利用它编制程序，写出源程序后可以用任何一种编译系统对程序进行编译和连接工作，只要用户感到方便、有效即可。不应当只会使用一种编译系统，而对其他的一无所知。无论用哪一种编译系统，都应当能举一反三，在需要时会用其他编译系统进行工作。

首先需要在你的电脑当中安装一个 Visual C++的软件，安装成功后按照下面的步骤进行操作：

（1）执行"文件"→"新建"命令，在弹出的"新建"窗口中选择"工程"选项卡，在"工程"选项卡中选择"Win32 Console Application"，并在右边的位置填写工程名和选择存放工程的位置，再单击"确定"按钮，在弹出的窗口中选"一个空工程"再单击"确定"按钮，如下图所示。

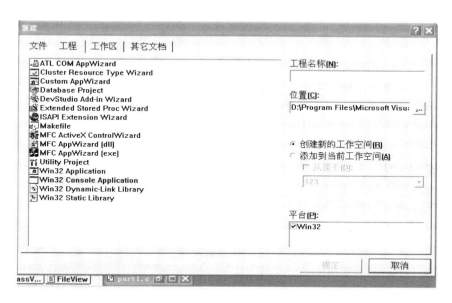

（2）执行"文件"→"新建"菜单命令，在弹出的"新建"窗口选择"文件"选项卡，在"文件"选项卡中选择 "C++ Source File"，注意在写文件名时一定要加".c"后缀。如下图所示。

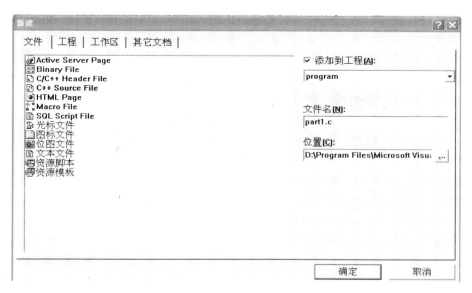

（3）在弹出的窗口中编写源程序。如下图所示。

```
part1.c
#include <stdio.h>
void main()
{int a=123,b=345,sum;
 sum=a+b;
 printf("a=%d\nb=%d\nsum=%d\n",a,b,sum);
 }
```

（4）单击工具栏上的编译按钮，或者使用"Ctrl+F7"组合键进行编译，编译后生成目标文件，并查看编译的过程中是否会出现语法错误。如下图所示。

```
--------------------Configuration: part1 - Win32 Debug-----------
Compiling...
part1.c

part1.obj - 0 error(s), 0 warning(s)
```

（5）单击工具栏上的连接按钮，或者使用快捷键"F7"进行连接，连接后生成可执行的 exe 文件，这时也需要查看在连接过程中是否有警告和错误出现。如下图所示。

```
--------------------Configuration: part1 - Win32 Debug----------
Linking...

part1.exe - 0 error(s), 0 warning(s)
```

（6）再运行程序并且查看运行的结果是否正确，这时可以单击工具栏上的运行按钮，或者使用快捷键"F5"来运行程序并且查看结果。如下图所示。

```
"D:\Program Files\Microsoft Vis
a=123
b=345
sum=468
Press any key to continue
```

小试牛刀

上机运行下面的这个例题，熟悉所用系统的上机方法与步骤（P1-2-1.c）

```c
#include <stdio.h>
void main()
{
char c;
 float s;
 int a,b;
 a=123;
 b=987;
```

```
    s=3.14;
    c='a';
    printf("a=%d,b=%d\ns=%f\nc=%c\n",a,b,s,c);
}
```

项目小结

本项目我们学习了 C 程序的发展简史、语法结构、算法和调试环境等有关内容，由五个任务依次展开，项目要求如下：

1. 涉及的知识

（1）了解 C 语言的发展简史；

（2）理解函数定义的语法结构；

（3）掌握算法的概念，学会画流程图；

（4）掌握 C 语言的调试环境，能够完整的调试 C 程序。

2. 掌握的技能

（1）掌握 C 程序的语法结构；

（2）掌握 C 程序的调试过程。

挑战自我

有这样一个程序，有 a，b 两个数，输出其中最大值，画出这个程序的流程图和 N-S 图

项目评价

（1）根据本项目各个任务及其"小试牛刀"、"挑战自我"等完成情况，其难易感觉是：

任 务	☺	☺	☹
任务一、编写简单的程序			
挑战自我			
统计结果（单位：次）			

（2）根据本项目各个任务的完成情况，对照"观察点"列举的内容，进行自评或互评。"观察点"内容可视实际情况在教师引导下拓展。

观 察 点	☺	☺	☹
了解函数的分类和执行过程			
理解算法和流程图			
熟练掌握程序调试的一般过程			
统计结果（单位：次）			

（3）根据本项目完成的过程中对照小组合作情况，进行自评或互评。"观察点"内容可视实际情况在教师引导下拓展。

观 察 点	☺	☺	☹
学习态度：态度端正，积极参与，自然大方			
交流发言：语言精心组织，表达清晰有序，声音洪亮			

观　察　点	☺	☺	☹
回答问题：能够随机应变，正确回答提问			
团队合作：小组成员积极参与，相互帮助，配合默契			
任务分配：小组成员都在任务完成中扮演重要角色			
任务完成：通过小组努力，共同探究，较好完成任务			
个人表现：在任务实施过程中努力为小组完成任务积极探索			
统计结果（单位：次）			

项目二　C 语言数据类型
——淘宝网的订单信息

▌ 项目引言

　　如今通过网络进行购物不再是一种时尚，已经有越来越多的人选择网购。如淘宝网是网络购物交易的最大平台，它每天的交易量非常庞大，那么多的交易信息，它是如何根据买家所购买的商品种类和数量直接计算出支付的费用呢？

　　编写程序离不开数据处理，每个数据都具有确定的数据类型。我们先从了解 C 语言数据的类型开始，学习编写程序。

　　本项目主要内容有：

　　◇　任务一、数据类型
　　◇　任务二、变量定义和赋值
　　◇　任务三、格式化输出/输入

任务一　数据类型

▌ 学习目标

1．掌握 C 语言提供的数据类型，理解基本数据类型；
2．掌握常量的类型，注意符号常量的使用；
3．熟练掌握常量的使用方法。

▌ 任务下达

宝贝		状态	单价(元)	数量
	零食即食 豆类 地方特产 粗粮食品 香酥青豆 250克5元	已取消	5.00	2
	台湾宏亚77松塔 蜜兰诺松塔 零食特产 糕点茶点 进口食品250克	已确认收货	16.80	2
	零食即食 麻辣香酥土豆条 薯条干 散装 250g 4.5元	已确认收货	4.50	3
	水果之王【奇异果】【弥猴桃干】美容养颜的佳品 酸甜的美味250g	已确认收货	5.60	1
	果干坚果 泰国进口 炭烤香蕉片 酥脆好吃 250克7.6元 非油炸	已确认收货	7.60	3

妈妈在淘宝里给小明买了一些零食，买过后，淘宝中的订单如上图所示，仔细观察，看看各项属性中所显示的内容都有什么特点，观察"宝贝"、"单价"、"数量"这三个属性内所显示的内容，说出这三个属性所显示的内容及彼此之间有什么区别。

▌知识链接

在项目一中，我们看到程序中有这样的语句：

```
int a,b;
float s;
char c;
```

这是对以后将要使用的各种变量预先加以定义。对变量的定义可以包括数据类型、存储类型和作用域三个方面。在本项目中，我们只介绍数据类型的说明。在 C 语言中，数据类型可分为：基本数据类型、构造数据类型、指针类型和空类型四大类。

一、数据类型

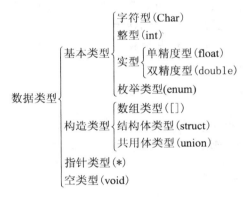

在显示的订单信息中，对于数量，可定义为整型，因为数量只有 1、2 这样的整数，类似于我们在数学中所学到的整数；对于单价，则需定义为实型，这类似于我们在数学中所学到的实数。

二、常量

常量，即值在整个程序执行过程中不会改变。常量一般分为不同的类型，例如 3、0、-459 是整型常量，2.1、-89.7 是实型常量，'a'、'z' 是字符型常量。这种常量通常称为字面常量或直接常量。

1. 整型常量

整型常量也即整数，在 C 语言中，整型常量通常有以下三种表现形式。

- 十进制

十进制整型常量没有前缀，其数码的取值范围是 0～9 共十个数字。

例如：23、101、1777。

- 八进制

八进制整型常量必须以 0 开头，即用 0 作为八进制数的前缀，其数码的取值范围是 0～7 共 8 个数字。

例如：023、0101、01777。

其中：$023=2\times8^1+3\times8^0$

- 十六进制

十六进制整型常量必须以 0x 开头，即用 0x 作为十六进制数的前缀，其数码的取值范围是 0~9，10 个数字，另外再加上 a~f，或者 A~F，6 个字母，共 16 个数字。

例如：0x68fa、0x23、0x101、0x17777。

其中：$0x68fa=6\times16^3+8\times16^2+15\times16^1+10\times16^0$

试一试

试着将其他的八进制常量和十六进制常量转换为十进制常量。

2．实型常量

实型也称为浮点型。在 C 语言中实型都采用十进制，它有两种表现形式。

注意

实型数据需要包含小数点。

- 十进制小数形式

它是由数字和小数点构成的，例如：12.68、89.539、-9754.9、0.0

- 指数形式

它是由十进制数、阶码标志"e"或"E"和阶码组成的，其一般形式是：十进制数 E(e) 阶码。

例如：$2.1E5(2.1\times10^5)$

$3.7E-2(3.7\times10^{-2})$

$0.6E5(0.6\times10^5)$

$-2.7E-3(-2.7\times10^{-3})$

注意

阶码可以带符号，但是阶码必须是整数，而且阶码前必须要包含数字。

3．字符型常量

在 C 语言中，字符常量都是用单引号括起来的单个字符。

 在 C 语言中，字符常量通常有以下特点：

（1）字符常量必须要用单引号括起来。

（2）单引号中包含的必须是单个的字符，不能是多个。

（3）字符常量中的字符是可以显示的任意字符。

例如：'a'、'T'、'3'、'？'。

除了以上形式的字符常量以外，C 语言还有一种特殊形式的字符常量，即转义字符。

转义字符是一种特殊的字符常量，是以反斜杠"\"开头，后面跟一个或几个字符，表示特定的含义。转义字符及其作用见表 2-1。

表 2-1　转义字符及其作用

字符形式	功能	ASCII 码
\n	换行	10
\t	横向跳格	9
\b	退格	8
\r	回车	13
\\	反斜杠字符	92
\'	单引号字符	39
\"	双引号字符	34
\ddd	八进制数表示的 ASCII 码对应的字符	
\xhh	十六进制数表示的 ASCII 码对应的字符	

如转义字符的使用如下。

```
#include<stdio.h>
void main()
{
char c1='a',c2='b',c3='c',c4='\101',c5='\116';
printf("a%c b%c\tc%c\tabc\n",c1,c2,c3);
printf("\t\b%c %c\n ",c4,c5);
}
```

程序运行结果为_____

```
aa□bb□□□cc□□□□□□abc
□□□□□□□A□N
```

4．符号常量

除了直接常量外，在 C 语言中还可以使用一个标识符来代表一个常量。这样的常量称之为符号常量。

 补充

标识符定义的规则：由字母、数字和下划线组成，不能以数字开头。

定义的格式为：

```
#define  符号常量名  符号常量值
```

例如：#define PRICE 30

如符号常量的使用：

```
#define PRICE 30
main()
{
int num,total;
num=10;
total=num* PRICE;
printf("total=%d\n",total);
}
```

使用符号常量的注意事项

（1）在需要改变一个常量时，能做到"一改全改"。

（2）为了与普通变量区分，一般用大写字母表示。

在上述的程序中，使用了"#define PRICE 30"来定义符号常量，在以后的程序中，只要出现 PRICE 都表示数值 30。

符号常量与下一节所讲述的变量不同，符号常量的值在其作用域内不能改变，也不能再被赋值。

实践向导

数据类型分析：

"宝贝"和"宝贝属性"。

列表属性中，采用的是文字描述：字符型。

"单价"，采用的是带有小数的数字描述：浮点型。

"数量"，采用的是整数的数字描述：整型。

小试牛刀

1. 判断程序的运行结果（P2-1-1.c）

```
# include "stdio.h"
void main()
{
  printf("  ab  c\tde\rf\n");
  printf("hijk\tL\bM\n");
}
```

程序的运行结果为＿＿＿＿＿＿

2. 判断程序的运行结果（P2-1-2.c）

```
# include "stdio.h"
void main()
{
  printf("%d,%d\n",123,123);
  printf("%d,%d\n",0123,0123);
  printf("%d,%d\n",0x123,0x123);
}
```

程序的运行结果为＿＿＿＿＿＿

任务二　变量定义和赋值

学习目标

1. 理解变量在程序中的作用；
2. 掌握变量的定义和具体的使用方法；
3. 注意区分变量和符号常量的区别。

任务下达

在购买的清单中，有的物品购买多件，只需要提交物品的单价和购买的数量，系统就能够直接生成总额，并且对于购买的多种商品，也能够计算出最后的价值，那么能不能用程序来表示数量、单价与总额的关系呢？

▌知识链接

一、变量

在程序运行过程中，其值可以被改变的量称为变量。变量代表内存中具有特定属性的一个存储单元，它用来存放数据，也即变量的值。

注意

变量 A 与变量 a 是两个不同的变量，即变量名区分大小写。

变量定义必须放在变量使用之前。一般放在函数体的开头部分。

注意变量名和变量值这两个不同的概念。每个变量都必须有一个名字——变量名，变量命名遵循标识符命名规则。在程序运行过程中，变量值存储在内存中。在程序中，通过变量名来引用变量的值，如下图所示。

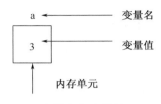

变量名与变量值

在 C 语言中，对于内存变量定义的一般格式为：

    类型说明符   变量名标识符 〔,变量名标识符……〕

具体的格式我们在后面讲到具体类型的变量时再详细介绍。

二、整型变量

1. 整型数据在内存中的存放形式

数据在内存中一般是以二进制的形式进行存储的，如果定义了一个整型变量 i，

```
int i;
i=10;
```

则数据在内存中的存放方式如下图所示。

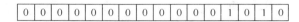

数据在内存中的存放

2. 整型变量的分类

（1）基本型：类型说明符为 int，在内存中占 2 个字节。

（2）短整量：类型说明符为 short int 或 short。所占字节和取值范围均与基本型相同。

（3）长整型：类型说明符为 long int 或 long，在内存中占 4 个字节。

（4）无符号型：类型说明符为 unsigned。

表 2-2 显示了 Turbo C 中整数类型的有关数据。

表 2-2　整数类型的有关数据

类型说明符	数的范围	字节数
int	$-32768 \sim 32767$　即 $-2^{15} \sim (2^{15}-1)$	2
unsigned int	$0 \sim 65535$　　　即 $0 \sim (2^{16}-1)$	2
short int	$-32768 \sim 32767$　即 $-2^{15} \sim (2^{15}-1)$	2
unsigned short int	$0 \sim 65535$　　　即 $0 \sim (2^{16}-1)$	2
long int	$-2147483648 \sim 2147483647$ 即 $-2^{31} \sim (2^{31}-1)$	4
unsigned long	$0 \sim 4294967295$　　即 $0 \sim (2^{32}-1)$	4

注意

在书写变量定义时，应注意以下几点：

（1）允许在一个类型说明符后定义多个相同类型的变量。各变量名之间用逗号间隔。类型说明符与变量名之间至少用一个空格间隔。

（2）最后一个变量名之后必须以"；"号结尾。

（3）变量定义必须放在变量使用之前。一般放在函数体的开头部分。

3．整型变量的定义

int　变量名标识符；

例如：

```
int a;
a=3;
int b=4;
int c, d=5;
```

如整型变量的定义和使用

```
#include <stdio.h>
void main()
{
int a,b,c,d;
unsigned u;
a=12;
b=-24;
u=10;
c=a+u;
d=b+u;
printf("a+u=%d,b+u=%d\n",c,d);
}
```

程序运行结果为＿＿＿＿＿＿＿＿＿

```
a+u=22,b+u=-14
```

三、实型变量

1．实型数据在内存中的存放形式

一个实型数据在内存中占有四个字节，它在内存中是按照指数形式进行存储的。实数 3.14159 在内存中的存放形式如下图所示。

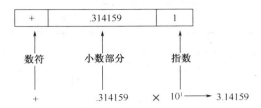

实数 3.14159 在内存中的存放形式

2．实型变量的分类

实型变量分为：单精度（float 型）、双精度（double 型）和长双精度（long double 型）三类。

对于在 Turbo C 中实型变量的显示如表 2-3 所示。

表 2-3　实型数据

类型 说明符	比特数 （字节数）	有效 数字	数的 范围
float	32（4）	6~7	$10^{-37}\sim10^{38}$
double	64(8)	15~16	$10^{-307}\sim10^{308}$
long double	128(16)	18~19	$10^{-4931}\sim10^{4932}$

3．实型变量的定义。

float/[long] double　变量名标识符；

例如：

```
float x,y;
double a,b,c;
long double p;
```

如实型变量的定义和使用：

```
#include  "stdio.h"
void main()
{
  float   a,b,area;
  a=1.2;
  b=3.6;
  area=a*b;
  printf("a=%f,b=%f,area=%f\n",a,b,area);
  }
```

程序运行结果为_____

```
a=1.200000,b=3.600000,area=4.320000
```

四、字符型变量

1．字符型数据在内存中的存放形式

将一个字符常量放到一个字符变量中，实际上并不只是单纯地将该字符本身放到内存单元中去，而是将该字符对应的 ASCII 代码放到存储单元中。例如字符 'A' 的 ASCII 码是 65，我们将字符常量 'A' 赋值给字符变量 c，那么在内存中，c 的值如下图所示。

C 的值在内存中的存放形式

所以也可以把它们看成是整型量。C语言允许对整型变量赋以字符值，也允许对字符变量赋以整型值。在输出时，允许把字符变量按整型量输出，也允许把整型变量按字符量输出。

如字符型变量的定义：

```
#include <stdio.h>
void main()
{
  char a,b;
  a=65;
  b='B';
  printf("a=%c,b=%c\n",a,b);
printf("a=%d,b=%d\n",a,b);
}
```

程序运行结果为：

```
a=A,b=B
a=65,b=66
```

2. 字符型变量的定义

字符变量用来存储字符常量，它只能够用来存放一个字符，在一个字符变量中不可以存放一个字符串（多个字符）。

char　变量名标识符；

例如：

```
char c1='a',c2='b';
char s1='6',s2=65;
```

如大小写字母的转换：

```
#include <stdio.h>
void main()
{
  char a,b;
  a='a';
  b='b';
  a=a-32;
  b=b-32;
  printf("a=%c,b=%c\na=%d,b=%d\n",a,b,a,b);
}
```

程序运行结果为：

```
a=A,b=B
a=65,b=66
```

实践向导

第一步：分析任务，判断变量的类型及变量的个数；

第二步：定义变量；

第三步：变量赋值；

第四步：计算数值，输出结果。

参考程序（P2-2-1.c）：

```
# include "stdio.h"
void main( )
{
int n1=1,n2=2,n3=3;
float a1=4.5,a2=8.9,a3=7.6,a4=5.6,a5=16.8, s;
s=a1*n3+a2*n1+a3*n3+a4*n1+a5*n2;
printf("s=%f\n",s);
}
```

小试牛刀

1. 写出下列程序的运行结果（P2-2-2.c）

```
# include "stdio.h"
void main( )
{
 char c1='a',c2='b',c3='c',c4='\101', c5='\116';
 printf("a%cb%c\tc%c\tabc\n",c1,c2,c3);
 printf("\t\b%c%c\n",c4,c5);
}
```

程序的运行结果为＿＿＿＿＿＿＿。

2. 写出下列程序的运行结果（P2-2-3.c）

```
# include "stdio.h"
void main( )
{
 char c1='a',c2='b';
 printf("c1=%c,c2=%c\n",c1,c2);
 printf("c1=%d,c2=%d\n",c1,c2);
 c1=c1-32;
 c2=c2-32;
 printf("c1=%c,c2=%c\n",c1,c2);
 printf("c1=%d,c2=%d\n",c1,c2);
}
```

程序的运行结果为＿＿＿＿＿＿＿。

3. 写出下列程序的运行结果（P2-2-4.c）

```
define A 3.8
# include "stdio.h"
void main( )
{
 int a1=35,s;
 s=a1*A;
    printf("a1=%d,s=%d\n",a1,s);
}
```

程序的运行结果为＿＿＿＿＿＿＿。

任务三　格式化输出输入

▌学习目标

1. 理解输入函数和输出函数在 C 程序中的作用；
2. 熟练掌握 printf 函数和 scanf 函数的具体的使用方法；
3. 注意格式化输入和格式化输出的具体含义。

▌任务下达

在"淘宝商城"里面的卖家都要根据买家的需要为买家服务，他们每个人购买的物品不同，各种物品的价格也各不相同，而且有的买家要求你将订单的详细信息罗列显示出来，而有的买家只要求显示最后的信息。小明和爸爸妈妈都在同一家淘宝店里买了东西，小明买了六支笔，每支笔的价格是 1.8 元，爸爸买了七个文件夹，每个文件夹的价格是 5.9 元，妈妈买了三个笔筒，每个笔筒的价格是 8.5 元。编写程序，要求从键盘上输入购买的各种物品的个数，最后将所有物品的单价，购买的个数以及要付的款额显示出来。

▌知识链接

在前面的项目中，我们已经遇到过 printf 函数（格式化输出函数）和 scanf 函数（格式化输入函数），其关键字最末一个字母 f 即为"格式"(format)之意。printf 函数的功能是按用户指定的格式，把指定的数据显示到显示器屏幕上，而 scanf 函数的功能是将用户从终端输入的数据输入到程序中。

一、格式化输出

1. printf 函数

一般格式：

```
printf("格式控制字符串",输出表列)
```

例如：

```
printf("%d, %c", a,b);
```

（1）格式控制字符串。

包括两部分，格式说明和普通字符。格式字符串是以%开头的字符串，在%后面跟各种格式字符，以说明输出数据的类型、形式、长度、小数位数等。普通字符是需要原样输出的字符。

（2）输出表列。

输出表列中给出了各个输出项，可以是表达式

对于格式字符串和各输出项要求两者在数量和类型上应该——对应。

如格式化输出：

```
#include <stdio.h>
void main()
{
  int a=88,b=89;
  printf("%d %d\n",a,b);
  printf("%d,%d\n",a,b);
```

```
        printf("%c,%c\n",a,b);
        printf("a=%d,b=%d\n ",a,b);
    }
```
程序运行结果为：
```
88 89
88,89
x,y
a=x,b=y
```

2．格式字符

在 Turbo C 中格式字符串的一般形式为：

    [-][m][.n] [l]类型

各项的意义介绍见表 2-4 和表 2-5。

表 2-4　printf 格式说明字符

格 式 字 符	意　　义
d	以十进制形式输出带符号整数(正数不输出符号)
o	以八进制形式输出无符号整数(不输出前缀 o)
x,X	以十六进制形式输出无符号整数(不输出前缀 Ox)
u	以十进制形式输出无符号整数
f	以小数形式输出单、双精度实数
e,E	以指数形式输出单、双精度实数
g,G	以%f 或%e 中较短的输出宽度输出单、双精度实数
c	输出单个字符
s	输出字符串

表 2-5　printf 附加格式说明字符

–	输出的数字或字符在区域内向左靠齐
m	数据的最小宽度
n	对于实数，表示输出 n 位小数； 对于字符串，表示截取的字符个数
l	用于长整型，可加在格式符 d、o、u、x 前面

如格式说明字符的使用：
```
#include <stdio.h>
void main()
{
int a=7,b=5;
float x=3.141,y=-42.9371;
char c='a';
printf("%d,%d\n",a,b);
printf("%f,%f\n",x,y);
printf("%d,%c\n",c,c);
printf("%o,%x\n",c,c);
printf("%3f,%10f\n",x,y);
printf("%10f,%-10f\n",x,y);
```

```
  printf("%.5f,%7.2f\n",x,y);
}
```

程序运行结果为：

```
7,5
3.141000,-42.937100
97,a
141,61
3.141, □□-42.9371
□□□□□3.141,-42.9371
3.14100, □-42.94
```

3．调用 printf 函数时的注意事项

（1）在格式控制串中，格式说明与输出项从左到右在类型上必须一一对应匹配。

（2）在格式控制串中，格式说明与输出项的个数应该相同。

（3）在格式控制串中，除了合法的格式说明外，可以包含任意的合法字符(包括转义字符)，这些字符在输出时将"原样输出"。

（4）如果需要输出%，则应该在格式控制串中用两个连续的百分号%%来表示。

（5）printf 函数的返回值通常是本次调用中输出字符的个数。

二、格式化输入

1．scanf 函数

一般格式：

```
scanf("格式控制字符串",地址表列)
```

例如：

```
scanf("%d, %c", &a, &b);
```

其中，格式控制字符串的作用与 printf 函数相同，但不能显示非格式字符串，也就是不能显示提示字符串。地址表列中给出各变量的地址。地址是由地址运算符"&"后跟变量名组成的。

如格式化输入：

```
#include <Stdio.h>
void main()
{
  int a,b;
  scanf("%d%d",&a,&b)
  printf("a=%d,b=%d\n ",a,b);
  printf("a=%c,b=%c\n ",a,b);
}
```

在键盘中输入：97 98↙

程序运行结果为：

```
a=97,b=98
a=a,b=b
```

"%d%d"表示要按照十进制整数形式输入两个数据，输入数据时，在这两个数据之间可以用一个或多个空格来间隔，也可以用回车键或者 Tab 键。所以上例中，也可以用以下的输入方式：

97↙98↙　　　　　或者 97 Tab 98↙

2．格式字符

与 printf 函数中的格式说明类似，以%开头，以一个格式字符结束，中间可以插入附件的字符。

各项的意义介绍见表 2-6 和表 2-7。

表 2-6　scanf 格式说明字符

格 式 字 符	意　义
d, i	输入有符号的十进制整数
o	输入无符号的八进制整数
x, X	输入无符号的十六进制整数
u	输入无符号的十进制整数
f	输入实型数(用小数形式或指数形式)
e, E , g, G	与 f 的作用相同
c	输入单个字符
s	输入字符串

表 2-7　scanf 附加格式说明字符

域宽	指定输入数据所占宽度（列数），域宽应为正整数
*	表示本输入项在读入后不赋给相应的变量
h	用于输入短整型数据
l	用于输入长整型，以及 double 型数据

如格式化输入：

```
#include <Stdio.h>
void main()
{
char c1,c2;
scanf("%c%c",&c1,&c2);
printf("c1=%c,c2=%c\n",c1,c2);
}
```

在键盘中输入：ab↙
程序运行结果为：

```
c1=a,c2=b
```

若在键盘中输入 "a，b↙"，则程序的运行结果为 "c1=a，c2="，若程序中的输入函数写成 scanf("%c，%c"，&c1，&c2)，那么在输入时则需要输入 "a，b↙"，这时候的逗号不是间隔符，而是格式控制中的逗号，是原本就有的。在使用 scanf 函数时，一定要注意，该函数是格式化输入函数，也即函数中格式控制字符串中如何书写的，就要按照其中的原样输入。

如格式说明字符的使用：

```
#include <Stdio.h>
void main()
{
scanf("%3d%3d",&a1,&a2);
```

```
scanf("%2d %*3d %2d",&b1,&b2);
scanf("%3c",&c);
printf("a1=%d,a2=%d\n",a1,a2);
printf("b1=%d,b2=%d\n",b1,b2);
printf("c=%c\n",c);
}
```

在键盘中输入：

```
123456✓
12□345□67✓
abc
```

程序运行结果为：

```
a1=123,a2=456
b1=12,b2=67
c=a
```

3．调用 scanf 函数时的注意事项

（1）scanf 函数中的"格式控制字符串"后面应当是变量地址，而不应是变量名。

（2）如果在"格式控制字符串"中除了格式说明以外还有其他字符，则在输入数据时在对应位置应输入相同的字符。

（3）在用"%c"格式输入字符时，空格字符和转义字符都作为有效字符输入。

（4）在输入数据时，遇到以下情况时认为该数据结束。

① 遇空格，或按"Enter"键或者"Tab"键。

② 按指定的宽度结束，如"%3d"，只取 3 列。

③ 遇非法输入。

5）输入数据时不能规定精度。

备注：当规定的宽度小于数据的原有宽度时，则按照数据的原有宽度输出。

▌ 实践向导

第一步：分析任务，判断变量类型及变量的个数

这个程序中涉及"笔"、"文件夹"和"笔筒"三个物体，每个物体都有购买数量和单价两个因素，故在定义变量时需要三个整型变量来存放每个物体购买的数量，需要三个实型变量来存放每个物体的单价，还需要三个实型变量来存放各个物体所要支付的数额，最后还需要定义一个实型变量来存放所要支付的总额。

第二步：定义变量

定义整型：int n1，n2，n3;

定义实型：float a=1.8，b=5.9，c=8.5，s1，s2，s3，s;

第三步：格式化输出所有的数目

使用 printf 函数按照指定的格式输出购买的数量，物体的单价以及需要支付的总额。

参考程序（P2-3-1.c）：

```
# include "stdio.h"
void main( )
{
int n1,n2,n3;
```

```
    float a=1.8,b=5.9,c=8.5,s1,s2,s3,s;
    scanf("n1=%d,n2=%d,n3=%d",&n1,&n1,&n3);
    s1=a*n1;
    s2=b*n2;
    s3=c*n3;
    s=s1+s2+s3;
    printf("n1=%d, n2=%d, n3=%d\n",n1,n2,n3);
    printf("a=%.2f, b=%.2f, c=%.2f\n",a,b,c);
    printf("s1=%.2f, s2=%.2f, s3=%.2f \n",s1,s2,s3);
    printf("s=%.2f \n",s);
    }
```

▌▌小试牛刀

1. 输入三个数，再依次将这三个数输出。补充下列程序（P2-3-2.c）。
```
#include<stdio.h>
void main()
{
    _____
    printf("Enter a,b,c:\n");
    scanf("%d,%d,%d",_____);
    printf("a=%d b=%d c=%d\n",a,b,c);
}
```

2. 请写出下列程序的输出结果（P2-3-3.c）。
```
#include<stdio.h>
void main()
{
    int a=5,b=7;
    float x=67.8564,b=-789.124;
    char c='A';
    long n=1234567;
    unsigned u=65535;
    printf("%d%d\n",a,b);
    printf("%3d%3d\n",a,b);
    printf("%f%f\n",x,y);
    printf("%-10f-10%f\n",x,y);
    printf("%8.2f,%8.2f,%.4f,%.4f,%3f,%3f\n", x,y, x,y,x,y);
    printf("%e%10.2e\n",x,y);
    printf("%c,%d,%o,%x\n",c,c,c,c);
    printf("%ld%lo,%x\n",n,n,n);
    printf("%u,%o,%x,%d\n",u,u,u,u);
    printf("%s,%5.3s\n", "COMPUTER", "COMPUTER");
}
```
程序的输出结果为_____

3. 用下面的 scanf 函数输入数据，使 a=3,b=7,x=8.7,y=76.54,c1='A',c2='a'。问在键盘上如何输入？（P2-3-4.c）
```
#include<stdio.h>
void main()
```

```
{
 int a,b;
 float x,y;
 char c1,c2;
 scanf("a=%d□b=%d",&a,&b);
 scanf("□%f□%e",&x,&y);
 scanf("□%c□%c",&c1,&c2);
}
```

项目小结

本项目我们学习了 C 程序常量、变量以及格式化输入和输出语句等有关内容，由三个任务依次展开，项目要求如下。

一、涉及的知识

1. 理解常量和变量的含义以及变量的定义方式；
2. 理解各种数据类型所包含的含义；
3. 理解格式化输入和输出语句的使用方式。

二、掌握的技能

1. 会根据要求定义变量；
2. 掌握常量和变量的使用；
3. 能够根据要求格式化输入/输出。

挑战自我

若 a=3,b=4,c=5,x=1.2,y=2.4,z=-3.6, c1='a',c2='b'。想得到以下的输出格式和结果，请写出程序（包括定义变量类型和设计数据输出）。

要求的输出结果如下：

```
a=□3□□b=□4□□c=□5
x=1.200000,y=2.400000,z=-3.600000
x+y=□3.60□□y+z=-1.20□□z+x=-2.40
c1='a' □or□97(ASCII)
c2='b' □or□98(ASCII)
```

项目评价

1. 根据本项目各个任务及其"小试牛刀"、"挑战自我"等完成情况，其难易感觉是：

任　　务	☺	☺	☹
任务一、认识数据类型			
任务二、变量的使用			
任务三、格式化输入和格式化输出			
挑战自我			
统计结果（单位：次）			

2. 根据本项目各个任务的完成情况，对照"观察点"列举的内容，进行自评或互评。

"观察点"内容可视实际情况在教师引导下拓展。

观 察 点	☺	☺	☹
掌握 C 语言提供的基本数据类型			
掌握常量的使用方法			
理解符号常量的使用，能够区分符号常量和变量的区别			
理解变量在程序中的作用，能够根据要求定义合适的变量			
熟练掌握 printf 和 scanf 函数			
统计结果（单位：次）			

3. 根据本项目完成过程中，对照小组合作情况，进行自评或互评。"观察点"内容可视实际情况在教师引导下拓展。

观 察 点	☺	☺	☹
学习态度：态度端正，积极参与，自然大方			
交流发言：语言精心组织，表达清晰有序，声音洪亮			
回答问题：能够随机应变，正确回答提问			
团队合作：小组成员积极参与，相互帮助，配合默契			
任务分配：小组成员都在任务完成中扮演重要角色			
任务完成：通过小组努力，共同探究，较好完成任务			
个人表现：在任务实施过程中努力为小组完成任务积极探索			
统计结果（单位：次）			

项目三　数据运算——手机话费结算

项目引言

数据运算是对数据依某种运算规律进行处理的过程。对不同类型的数据应有不同的处理要求，其运算规律也不一样，运算规律表现为运算符。C 语言提供了大量的运算符，这些运算符可以进行数据的运算处理，这是 C 语言的主要特点之一。按其功能可分为：算术运算符、关系运算符、逻辑运算符、逗号运算符、赋值运算符等；从参与运算的数据的个数上可以分为：单目运算符、双目运算符和三目运算符。运算符具有优先级和结合性。结合性是 C 语言独有的特点。

表达式是用运算符和括号把数据连接起来所形成的有意义的式子。数据可以是常量、变量和函数。C 语言表达式的类型分为：算术表达式、赋值表达式、关系表达式、逻辑表达式、条件表达式和逗号表达式等。表达式的运算主要按照运算符的优先级和结合性所规定的顺序进行，其次还要考虑参与运算的数据是否具有相同的数据类型以及是否需要进行类型转换等，每个表达式经过运算后都能得到一个有确定数据类型的值。

本项目主要内容有：

◇　任务一、运算符、表达式和算术运算
◇　任务二、关系运算和逻辑运算
◇　任务三、变量赋值运算

任务一　运算符、表达式和算术运算

学习目标

1. 掌握运算符的运算规律、优先级和结合性；
2. 理解表达式的概念，能正确书写表达式；
3. 掌握算术运算符和算术表达式；
4. 掌握逗号表达式的求值规律。

任务下达

放寒假了，小明要去参加 1 个月的社会实践活动，爸爸为了能和小明保持联系，给了他一部手机。实践结束后，小明上网查了一下账单，费用明细如下：

⊠ 费用朗细
1.中国移动自有业务费用

费用名称	金额(元)	费用名称	金额(元)
套餐及固定费	5.00	本地主叫通话费	21.40
来电显示	5.00	套餐外短彩信费	1.80
套餐外语音通信费	21.40	国内（不含港澳台）短信费	1.80
合计			￥28.20

其中语音话费使用情况如下：

类型	时	分	秒	实收通信费
本地主叫	1	26	17	21.40

请帮小明算算，实际每分钟话费是多少？共计通话多少秒？

知识链接

C 语言运算符是表示各种数据操作的符号。运算符是数据运算的规则。不同的运算符具有不同的运算规则，其参与操作的数据必须符合该运算符对数据类型的要求，运算结果的数据类型也是固定的。

C 语言的运算符作用范围很广，除了控制语句和输入/输出以外的几乎所有的基本操作都作为运算符处理。按功能分 C 语言的运算符有以下几类：

🔒想一想

数学中都有哪些运算？
· 算术（自增/自减）运算符：(+, -, *, /, %、++、--)
· 关系运算符：(>, <, >=, <=, !=, ==)
· 逻辑运算符：(!, &&, ||)
· 位运算符：(<<、>>、~、|、^、&)
· 赋值运算符：(=)
· 条件运算符：(?:)
· 逗号运算符：(,)
· 指针运算符：(*, &)
· 强制类型转换运算符：(类型名称)
· 字节数运算符：(sizeof())
· 分量运算符：(. 和 ？)
· 下标运算符：([ ])
· 函数调用运算符：(( ))

本项目只介绍算术运算符、关系运算符、逻辑运算符、赋值运算符、条件运算符、逗号运算符、强制类型转换运算。运算符功能见本书附录 C。

🔒想一想

运算符和运算数据之间的关系？
对于运算符，应从以下四个方面理解：
① 运算符的意义：表示能够处理的操作。
② 参与运算的数据类型：包括参与运算的数据和运算结果的数据类型。

③ 运算符的优先级：表示不同运算符参与运算时的先后顺序，优先级高的先于优先级低的运算符进行运算。具体的优先级别排列见附录 C。

④ 运算符的结合性：当优先级相同的时候，按照运算符的结合方向确定运算的次序，运算符的结合性分为右结合（从右向左）和左结合（从左到右）两种方式。具体的结合性见附录 C。

表达式是由常量、变量、函数和运算符组合起来的式子。一个表达式有一个值及其类型，它们等于计算表达式所得结果的值和类型。表达式求值按运算符的优先级和结合性规定的顺序进行。一个常量、变量、函数可以看作是一个表达式。

一、算术运算符和算术表达式

1．基本的算术运算符

想一想

　　-5/2=?
　　5/-2=?
　　-5%2=?
　　5%-2=?

● 加法运算符"+"：加法运算符为双目运算符，即应有两个量参与加法运算。如 a+b，4+8 等。具有右结合性。

● 减法运算符"-"：减法运算符为双目运算符。但"-"也可作负值运算符，此时为单目运算，如-x，-5 等，具有左结合性。

● 乘法运算符"*"：双目运算，具有左结合性。

● 除法运算符"/"：双目运算，具有左结合性。参与运算量均为整型时，结果也为整型，舍去小数。如果运算量中有一个是实型，则结果为双精度实型。

● 求余运算符"%"：双目运算，具有左结合性。要求参与运算的量均为整型。求余运算的结果等于两数相除后的余数。

想一想

当参与运算的量是整数时，"/"和"%"的区别？

2．算术表达式和运算符的优先级和结合性

表达式是由常量、变量、函数和运算符组合起来的式子。一个表达式有一个值及其类型，它们等于计算表达式所得结果的值和类型。表达式求值按运算符的优先级和结合性规定的顺序进行。单个的常量、变量、函数可以看作是表达式的特例。

算术表达式：是由算术运算符和括号连接起来的式子。以下是算术表达式的例子：

```
a+b
(a*2)/c
(x+r)*8-(a+b)
++i
sin(x)+sin(y)
(++i)-(j++)+(k--)
```

运算符的优先级：C 语言中，运算符的运算优先级共分为 15 级。1 级最高，15 级最低。在表达式中，优先级较高的先于优先级较低的进行运算。而在一个运算量两侧的运算符优先级相同时，则按运算符的结合性所规定的结合方向处理。

运算符的结合性：C语言中各运算符的结合性分为两种，即左结合性(自左至右)和右结合性(自右至左)。例如算术运算符的结合性是自左至右，即先左后右。如有表达式 x-y+z 则 y 应先与"-"号结合，执行 x-y 运算，然后再执行+z 的运算。这种自左至右的结合方向就称为"左结合性"。而自右至左的结合方向称为"右结合性"。 最典型的右结合性运算符是赋值运算符。如 x=y=z，由于"="的右结合性，应先执行 y=z 再执行 x=(y=z)运算。C语言运算符中有不少为右结合性，应注意区别，以避免理解错误。

🔒 **想一想**

运算符的优先级和结合性对表达式的运算有何影响？

3．强制类型转换运算符

其一般形式为：(类型说明符) (表达式)

其功能是把表达式的运算结果强制转换成类型说明符所表示的类型。

例如：

(float) a　　把 a 转换为实型

(int)(x+y)　　把 x+y 的结果转换为整型

4．自加、自减运算符

自加运算符记为"++"，其功能是使变量的值自加 1。

自减运算符记为"--"，其功能是使变量的值自减 1。

自加、自减运算符均为单目运算，都具有右结合性。可有以下几种形式：

++i：i 先自加 1 后再参与其他运算。

- -i：i 先自减 1 后再参与其他运算。

i++：i 参与运算后，i 的值再自加 1。

i- -：i 参与运算后，i 的值再自减 1。

在理解和使用上容易出错的是 i++和 i--。特别是当它们出现在较复杂的表达式或语句中时，常常难于弄清，因此应仔细分析。

```
例：  void  main()
    { int i=8;
      printf("%4d",++i);
      printf("%4d",--i);
      printf("%4d",i++);
      printf("%4d",i--);
      printf("%4d",-i++);
      printf("%4d\n",-i--);
```

程序运行结果为：

```
    }
```

<pre> 9   8   8   9 -8 -9</pre>

i 的初值为 8，第 2 行 i 加 1 后输出 9(i=9)；第 3 行 i 减 1 后输出 8(i=8)；第 4 行输出 8 之后 i 再加 1(i=9)；第 5 行输出 9 之后 i 再减 1(i=8) ；第 6 行输出-8 之后 i 再加 1(i=9)，第 7 行输出-9 之后 i 再减 1(i=8)。

```
例：void  main()
    { int i=5,j=5,p,q;
      p=(i++)+(i++)+(i++);
      q=(++j)+(++j)+(++j);
```

```
        printf("%4d,%4d,%4d,%4d\n",p,q,i,j);
    }
```
程序运行结果为：

```
15,  22,  8,  8
```

这个程序中，对 p=(i++)+(i++)+(i++)应理解为三个 i 相加，故 p 值为 15。然后 i 再自加 1 三次相当于加 3 故 i 的最后值为 8。而对于 q 的值则不然，q=(++j)+(++j)+(++j)应理解为 j 先自加 1 两次，此时 j=7，q=14+(++j)，j 再次自加 1 后 j＝8 则 q=14+8=22。

二、逗号运算符和逗号表达式

在 C 语言中逗号"，"也是一种运算符，称为逗号运算符。　其功能是把两个表达式连接起来组成一个表达式，称为逗号表达式。其一般形式为：表达式 1，表达式 2

其求值过程是分别求两个表达式的值，并以表达式 2 的值作为整个逗号表达式的值。

想一想

程序中，逗号还有哪些用途？

【例】
```
void  main()
{ int a=2,b=4,c=6,x,y;
        y=((x=a+b),(b+c));
        printf("y=%d,x=%d",y,x);
    }
```
程序运行结果为：

```
y=10    x=6
```

本例中，y 等于整个逗号表达式的值，也就是表达式 2 的值，x 是第一个表达式的值。对于逗号表达式还要说明两点：

（1）逗号表达式一般形式中的表达式 1 和表达式 2，也可以又是逗号表达式。

例如：

表达式 1，(表达式 2，表达式 3)

形成了嵌套情形。因此可以把逗号表达式扩展为以下形式：

表达式 1，表达式 2，…表达式 n

整个逗号表达式的值等于表达式 n 的值。

（2）程序中使用逗号表达式，通常是要分别求逗号表达式内各表达式的值，并不一定要求整个逗号表达式的值。

逗号可以组成逗号表达式，也可以作为分隔符。如变量和函数参数定义时变量与变量或参数与参数之间需用逗号分隔。

实践向导

第一步：　计算实际费用。

方法一、总费用减去短信费用。

即：28.20-1.80

➡ 26.40

方法二：本地主叫通话费+来电显示。

即：21.40+5.00

➡ 26.40

第二步：计算通话时间（单位：秒）。

通话时长：1 小时 26 分 17 秒，

换算成秒： （1*60+26）*60+17

⇨ （60+26）*60+17

⇨ 86*60+17

⇨ 5160+17

⇨ 5177

第三步：计算实际每分钟话费。

（1）将通话时间换算成分钟：

5177/60+5177%60>0?1:0

⇨ 86+17>0?1:0

⇨ 86+1

⇨ 87

想一想

算术运算的先后顺序的重要性。

（2）计算实际每分钟话费＝实际费用/通话时间，并精确到小数点后面 2 位。

即：（int）((26.40/87)*100+0.5)/100.0

⇨ (int)(0.303448*100+0.5)/100.0

⇨ (int)(30.3448+0.5)/100.0

⇨ (int)30.8448/100.0

⇨ 30/100.0

⇨ 0.30

由以上计算，小明实际每分钟话费是 0.30 元，共计通话 5177 秒。

想一想

如何实现精确到小数点后 n 位（n 为正整数）

小试牛刀

一、选择题

1. 算术运算符的个数是（　　）。

　　A. 4　　　　　　B. 5　　　　　　C. 7　　　　　　D. 8

2. 运算符的操作数不可能是（　　）。

　　A. 一　　　　　　B. 二　　　　　　C. 三　　　　　　D. 四

3. -（5）的值是（　　）。

　　A. 5　　　　　　B. 0　　　　　　C. 1　　　　　　D. -5

4. 5%2 的值是（　　）。

　　A. 2.5　　　　　　B. 2　　　　　　C. 1　　　　　　D. 3

5. -5%2 的值是（　　）。

　　A. 2.5　　　　　　B. -1　　　　　　C. 1　　　　　　D. 2

6. 设变量 a 和 b 均为整型变量，表达式 a=2；b=5；b++，a+b 的值是（　　）。

A．7   B．8   C．5   D．2

7．在以下各项的运算符中，要求运算数必须是整形的运算符是（   ）。

A．/   B．++   C．*   D．%

8．设 x=2.5，y=4.7，a=7，x+a%3*(int)(x+y)%2/4，的值是（   ）。

A．2.5   B．7   C．4.7   D．2.75

9．与代数式(x*y)/(u*v) 不等价的 C 语言表达式是（   ）。

A．x*y/u*v   B．x*y/u/v   C．x*y/(u*v)   D．x/(u*v)*y

10．设 int a=5，b=2；int c=32;表达式 b*c%a 的值是（   ）。

A．1   B．2   C．3   D．4

11．设有 int i，则表达式 i=1；++i && ++i；执行后，i 的值为（   ）。

A．1   B．2   C．3   D．4

12．变量均是整型，且 num=sum=7；则执行表达式 sum++; ++num; sum+=num++; 后，sum 的值是（   ）。

A．7   B．8   C．9   D．16

13．若有以下定义：int k=7，x=12; 则 x%=(k%5)的表达式是（   ）。

A．0   B．1   C．5   D．3

14．表达式 18/4*sqrt(4.0)/8 的值为（   ）。

A．0   B．1   C．5   D．3

15．有如下语句：a=((3，4)，(2，1));下面对此语句的判断中，正确的是（   ）。

A．使 a 的值为 1   B．使 a 的值为 5

C．使 a 的值为 2   D．语法错误

16．设有如下的变量定义

```
int i=8, k, a, b;
unsigned long w=5;
double x=1.42, y=5.2;
```

则以下各项中，符合 C 语言语法的表达式是（   ）。

A．a+=a-a(b=4)*(a=3)   B．x%(-3)

C．a=a*3=2   D．y=float (i);

二、判断题

1．分别执行 i++;与++i; 后，i 的值是相同的。   （   ）

2．2/3*3 的结果为 1。   （   ）

3．正号和负号既可以参加算术运算，也是一元运算符。   （   ）

4．自加式自减运算中的前缀方式是先增值后引用。   （   ）

5．i++;相当于 i=i+1;   （   ）

6．在同一表达式中，/ 比%的优先级别高。   （   ）

7．浮点数也能参加求余运算。   （   ）

8．在表达式中，运算级别最高的运算级别最高的运算符号是括号。   （   ）

9．5 的相反数是否 5，所以每个数只要加上负号就变成了相反数。   （   ）

10．若 x 为 float 型，执行语句（int）x 后，x 变为整型。   （   ）

三、填空题

1. 计算 x，y 之和的平方，表达式应写成 _____。
2. 设 int x=1，y；则执行 y=x+3/2;语句后，y 的值是 _____。
3. 表达式 2，4，5，8 的值是_____。
4. 设 x，y 都是 double 型，则执行表达式 x=1; y=x+3/2 后，y 的值是_____。
5. 执行下列程序

```
void main()
{ int x,y;
  x=1;
  y=2;
  printf("%d",x/y);
}
```

输出结果是_____。

任务二 关系运算和逻辑运算

学习目标

1. 掌握关系运算符和关系表达式；
2. 掌握逻辑运算符和逻辑表达式；
3. 掌握条件运算符和条件表达式。

任务下达

小明的爸爸是老师，他帮小明办理了园丁套餐，资费标准如下：

套餐名称	专业套餐（园丁套餐）
套餐说明	市话0.20元/分钟；国内长途（除港澳台）0.3 元/分钟

以下是小明一天的通话记录，请计算话费：

类型	起始时间	时长
主叫本地	2012-02-20 20:20:09	00:09:47
主叫本地	2012-20-20 18:52:49	00:18:59
主叫本地	2012-02-20 18:31:16	00:01:19

阅读以下程序，在空白处填空，使程序完整，并告诉小明今天的话费是多少？

```
#include<stdio.h>
#define  SHZF    (1)      //SHZF 为市话资费标准
// 以下函数将通话时长折算成分钟
int minu(int hour,int minute,int second )
{ minute= minute+hour>0?  (2)  :  0  ;//小时折算成分钟
 minute= minute+second>0?  1  :  (3)   ;// 不足 1 分钟的折算成 1 分钟
 return  minute;//返回通话时间（单位：分钟）
}
//以下为主函数
void main( )
```

```
{ float money=0;//总话费
int  total_minute=0;//总通话时长（分钟）
int  hour,minute,second;//通话时长的小时数、分钟数、秒数
printf("\n请输入第1次通话时长：");
scanf("%d:%d:%d",&hour,&minute,&second);//输入时间
total_minute= total_minute +mintu(hour,minute,second); //调用函数求通话时间（分）
printf("\n请输入第2次通话时长：");
scanf("%d:%d:%d",&hour,&mintue,&second);
total_minute= total_minute +mintu(hour,minute,second);
printf("\n请输入第3次通话时长：");
scanf("%d:%d:%d",&hour,&minute,&second);
total_minute= total_minute +mintu(hour,minute,second);
money=_____(4)_____; //计算话费
printf("今天话费是：%f",money);
}
```

▌▌知识链接

一、关系运算符和表达式

关系运算：对两个量进行"比较运算"。

1. 关系运算符

$$<、<=、>、>=、==、!=$$

高 　　　　　　　低

2. 优先级

算术运算符、关系运算符、赋值运算符

高 ————————————→ 低

如：

c>a+b　　⇒　　c>(a=b)

a==b<c　　⇒　　a==(b<c)

a==b<c　　⇒　　a==(b<c)

3. 关系表达式

举例： x!=0　　'a'=='A'　　a*a+b*b<y*y

关系表达式的值：真（1）　假（0）

例1：a=1，b=-5，c='a'时表达式的值

c>a+b　　⇒　　1

a==b<c　　⇒　　1

a=b<c　　⇒　　1

例2：a=3，b=2，c=1

f=a>b>c　　⇒　　0

🛍想一想

哪些数据可以进行比较运算？

二、条件运算符与条件表达式

（1）条件运算符："?" ":"。

（2）条件表达式：表达式 1? 表达式 2：表达式 3。

（3）执行过程：

先求解表达式 1 的值，若其为非 0 时，则求解表达式 2 的值，且整个条件表达式的值等于表达式 2；若表达式 1 为 0 时，则求解表达式 3 的值，且整个条件表达式的值等于表达式 3。

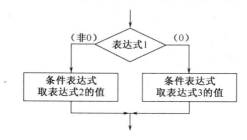

想一想

表达式 1 为条件运算的条件，哪些表达式可以作为条件？

4．优先级

条件运算符高于赋值运算符，低于算术运算、关系运算。

```
y=x>0? sin(x)/x:1
```

5．结合性：右结合

```
a>b?a:c>d?c:d
```

等价于：a>b?a:(c>d?c:d)

例：已知两个数，求最大数？

```
void main( )
{ int a,b,max;
  scanf("%d%d",a,b);
  max=a>b?a:b;
  printf("%d\n"uif,max);
}
```

可以替换成：
```
printf("max=%d\n",a>b?a:b);
```

三、逻辑运算符和逻辑表达式

1．逻辑运算符：

&&（与）   双目

|| （或）   双目

!（非）   单目

优先级：

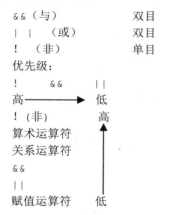

想一想

单目运算与双目运算的区别？

逻辑运算符的真值表如下：

a	b	!a	!b	a&&b	a‖b
真	真	假	假	真	真
真	假	假	真	假	真
假	真	真	假	假	真
假	假	真	真	假	假

想一想

如何运用真值表对逻辑表达式进行求值？

2．逻辑表达式

逻辑表达式：用逻辑运算符将关系表达式或逻辑量连接起来的式子（单个逻辑量、关系表达式是逻辑表达式的特例）。

逻辑表达式的值：　　1（真）　　　　0（假）

在逻辑表达式运算过程中，非 0 值为真，0 值为假。因此逻辑运算符的真值表可表示如下：

A	b	!a	!b	a&&b	a‖b
非 0	非 0	0	0	1	1
非 0	0	0	1	0	1
0	非 0	1	0	0	1
0	0	1	1	0	0

注意

表达式运算过程中非 0 为真，0 为假。而逻辑表达式的值是用 1 表示真，0 表示假。

例 1：输入一个字符。判别它是否大写字母，如果是，将其转换为小写，否则不转换，然后输出最后得到的字符。

```
void main( )
{ char ch;
  scanf("%c",&ch);
  ch = (ch >= 'A' && ch <='Z')?(ch+32):ch;
  printf("%c",ch);
}
```

例2：若 a=4，则　! a　得 0 ；　a&&-5　得 1 ；　4‖0　得 1

例：设 a=1,b=2,c=1

```
a>b&&b>c          得     0
a!=b&&c!=0        得     1
!a||a>b           得     0
5>3&&2||!8<4-2    得     1
```

对逻辑与运算，当左边为真时才对右边表达式求值。

对逻辑或运算，当左边为假时才对右边表达式求值。

实践向导

第一步：读程序，分析任务执行的流程。

第二步：理解符号常量。

第三步：弄清函数 minu( )的功能。

（1）将小时数折算成分钟数：小时数*60。

（2）实现通信规定，将通话时间不足 1 分钟时按 1 分钟计算。

第四步：main( )函数调用 minu( )函数。

实参 hour 为通话小时数，minute 为通话分钟数，second 为通话的秒数。分别传递给形参 hour，minute，second；

其中 money 为话费。

第五步：输出今天话费总额。

想一想

第二步：完成填空（1）。

第三步：完成填空（2）、（3）。

第四步：完成填空（4）。

第五步：调试并运行程序。

小试牛刀

一、选择题

1. 下列优先级是最高的是（ ）。

　　A．算术运算符　　　　　　　　　　B．关系运算符

　　C．逻辑运算符　　　　　　　　　　D．条件运算符

提示

注意运算符的优先级和结合性。

2. 经过以下定义后，表达式 z+=x>y? ++x:++y 的值是（ ）。

```
int  x=1,y=2,z=3;
```

　　A．1　　　　　　B．6　　　　　　　C．2　　　　　　　D．5

3. 关系运算符的个数是（ ）。

　　A．4　　　　　　B．5　　　　　　　C．6　　　　　　　D．7

4. 5>=5 的值是（ ）。

　　A．0　　　　　　B．1　　　　　　　C．假　　　　　　　D．3

5. 设 a 为整型变量，不能正确表达数学关系 10<a<15 的是（ ）。

　　A．10<a<15

　　B．a==11 || a==12 || a==13 || a==14

　　C．a>10 && a<15

　　D．!（a<=10） && !(a>=15)

6. 设 x 是 int 型变量，则执行表达式 x=5>1+2&&2|| 2*4<4-!0 后，x 的值为（ ）。

　　A．-1　　　　　　B．1　　　　　　　C．5　　　　　　　D．32

7. 设 a=3，b=4，c=5；则执行表达式!（a+b）+c-1&&b+c/2 的值为（　　）。

A. 6.5　　　　　B. 1　　　　　C. 6　　　　　D. 0

8. 若 m、x、y、z 均为 int 型变量，则执行下面语句后的 m 的值是（　　）。

m=1；　x=2；　y=3；　z=4；

m=(m<x)?m: x;

m=(m<y)?m: y;

m=(m<z)?m: z;

A. 1　　　　　B. 4　　　　　C. 2　　　　　D. 3

9. 若有说明语句：int w=1, x=2, y=3, z=4；则表达式 w>x?w: z>y?z: x 的值是（　　）。

A. 4　　　　　B. 3　　　　　C. 2　　　　　D. 1

10. 若有说明语句：int a=3, b=4, c=5；则表达式!(a+b)+c-1&&b+c/2 的值是（　　）。

A. 0　　　　　B. 3　　　　　C. 2　　　　　D. 1

二、填空题

1. 若表达式 a、b 为真，a&&b 为_____；若 a，b 之一为真，则 a||b 为_____；若 a 为真，则!a 为_____。

2. 表达式'c'&&'d'||!(3+4)的值是_____.

3. x=2；y=1；那么 x>=y?x:y 的值是_____。

4. x=1；y=1；那么 x>=y，x==y，x!=y，x>y 的值分别是_____。

5. 写出下面各逻辑表达式的值。设 a=3，b=4，c=5。

（1）a+b>c&&b==c　　_____

（2）a||b+c&&b-c　　_____

（3）!(a>b)&&!c||1　　_____

（4）!(x=a)&&(y=b)&&0　　_____

三、阅读程序，写出结果

```
void  main( )
{  int x=1,y=2,z=3;
   x+=y+=z;
   printf("%d\t%d\t%d\n",x,y,z);        _____
   printf("%d\n",x<y?y:x);              _____
   printf("%d\n",x<y?x++:y++);          _____
   printf("%d\t%d\n",x,y);              _____
   printf("%d\n",z=x>y?x+++y:y++);      _____
   printf("%d\t%d\n",y,z);              _____
   printf("%d\n", (z>=y&&y==x)?1:0);    _____
   printf("%d\n",z<=y&&y>=x);           _____
}
```

任务三　变量赋值运算

学习目标

1. 理解赋值运算与变量的关系；

2. 掌握变量值的变化过程；
3. 掌握复合赋值运算。

任务下达

资费标准如下：

套餐名称	专业套餐（园丁套餐）
套餐说明	市话0.20元/分钟；国内长途（除港澳台）0.3元/分钟

以下是小明一天的通话记录，请计算话费：

类型	通信类型	起始时间	时长	实收通信费
主叫本地	本地（非漫游）	2012-02-26 20:20:09	00:09:47	2.00
主叫本地	国内长途	2012-02-26 19:26:09	00:01:34	0.60

阅读以下程序，在空白处填空，使程序完。

```
#include<stdio.h>
#define  SHZF  0.2    //SHZF 为市话资费标准
#define  CHZF  0.3    //CHZF 为长话资费标准
int  minu(int  hour,int  minute,int  second) //函数的功能将通话时长折算成分钟
{ minute   (1)   hour>0? hour*60: 0  ;//小时折算成分钟
 minute   (2)   second>0?  1 : 0 ;// 不足 1 分钟的折算成 1 分钟
 return  minute;//返回通话时间（单位：分钟）
}
void main( )
{ int  type;//通信类型：1 代表"本地（非漫游）"，2 代表"国内长途"
float  dj,sj,money=0; //dj 为计费单价，sj 为通话时间（分钟）
int  hour,minute,second;
printf("\n 请输入第 1 次通信类型：");
scanf("%d",&type);//输入通信类型
printf("\n 请输入第 1 次通话时长：");
scanf("%d:%d:%d",&hour,&minute,&second);//输入时间
sj= mintu(hour,minute,second);// 调用函数求通话时间（分钟）
type==1  (3)  sj>0? dj=SHZF: type==2  (4)  sj>0? dj=CHZF:dj=0;//根据通信类
型确定计费标准(dj)
dj==0?printf("通信类型输入错误！）":money   (5)   sj*dj; //
printf("\n 请输入第 2 次通信类型：");
scanf("%d",&type);
printf("\n 请输入第 2 次通话时长：");
scanf("%d:%d:%d",&hour,&minute,&second);
sj= mintu(hour,minute,second);
type==1  (6)  sj>0? dj=SHZF: type==2  (7)  sj>0? dj=CHZF:dj=0;
dj==0?printf("通信类型输入错误！）":money   (8)   sj*dj; //
printf("今天话费是：%f",money);
}
```

知识链接

在 C 语言中，变量必须先定义后使用，使用之前须对变量赋初值。变量的初值影响了程

序运行的结果，因此，程序正确运行的关键是对变量赋初值。而对变量赋值就是将一个表达式的值保存到某个变量所指定的内存空间中，这就是"变量赋值运算"，简称为"赋值"。

1. 赋值运算符和赋值表达式

在 C 语言中赋值运算符表示为"="。由赋值运算符构成的式子称为赋值表达式。一般形式为：

变量=表达式

如 x=a+b 读作将表达式 a+b 的值赋给变量 x。

赋值运算的运算过程是先计算赋值号"="右边表达式的值，再赋给赋值号"="左边的变量。赋值运算符的结合性是从右向左。因此：

x=y=z=5；

可理解为。

x=(y=(z=5));

赋值过程是：将 5 赋给 z，然后将 z 赋给 y，最后将 y 赋给 x。在其他高级语言中，赋值构成了一个语句，称为赋值语句。 而在 C 语言中，把"="定义为运算符，从而组成赋值表达式。按照 C 语言规定，任何表达式在其末尾加上分号就构成为表达式语句。因此赋值表达式末尾加上分号就构成为赋值语句。如

x=8；x=y=z=5；

都是赋值语句。

再如，式子：

x=(a=5)+(b=8)

是合法的。它的意义是把 5 赋予 a，8 赋予 b，再把 a，b 相加，将其和赋予 x，故 x 应等于 13。

注：变量定义时可同时赋初值。如：

int a=8，b=8，c=8;

但不能写成：

int a=b=c=8;

想一想

"="与"=="的区别？

2. 类型转换

如果赋值运算符两边的数据类型不相同，系统将自动进行类型转换，即把赋值号右边的类型转换成左边的类型。具体规定如下：

（1）实型数据赋给整型变量，舍去右边实型值的小数部分。

（2）整型数据赋给实型变量，数值不变，但将以浮点形式存放，即增加小数部分(小数部分的值为 0)。

（3）字符型数据赋给整型变量，由于字符型为一个字节，而整型为二个字节，故将字符的 ASCII 码值放到整型变量的低八位中，高八位为 0。整型数据赋给字符型变量，只把整型数据的低八位赋给字符变量。

例如：

```
void main()
```

```
{ int a,b=322;
  float x,y=8.88;
  char c1='k',c2;
  a=y;
  x=b;
  a=c1;
  c2=b;
  printf("%d,%f,%d,%c",a,x,a,c2);
  }
```
程序运行结果为：＿＿＿＿＿＿＿

`107,322.000000,107,B`

本例表明了上述赋值运算中类型转换的规则。a 为整型，赋予实型量 y 值 8.88 后只取整数 8。x 为实型，赋予整型量 b 值 322 后增加了小数部分。字符型量 c1 赋予 a 变为整型，整型量 b 赋予 c2 后取其低八位成为字符型(b 的低八位为 01000010，即十进制 66，按 ASCII 码对应于字符 B)。

3．复合赋值运算符

在赋值符"="之前加上其他双目运算符可构成复合赋值符。如+=，-=，*=，/=，%=等。构成复合赋值表达式的一般形式为：

变量　双目运算符=表达式

它等价于

变量=变量 运算符 (表达式)

例如：

```
a+=3              等价于 a=a+3
a*=b+4            等价于 a=a*(b+4)
x%=y              等价于 x=x%y
```

复合运算时应先求右边表达式的值。

C 语言这种复合赋值运算是采用了"逆波兰"写法，其作用一是为了简化程序，二是提高了程序的编译效率。但是对初学者可能不习惯，只要初学者掌握了复合赋值的等价形式运算就变得简单了。

▌▌ 实践向导

第一步：读程序，分析任务执行的流程。

第二步：理解函数 minu( ) 的调用。

（1）将小时数折算成分钟数：小时数*60。

（2）实现通信规定，将通话时间不足 1 分钟时按 1 分钟计算。

第三步：　分别输入两次通话的通信类型和时长。

（1）调用函数 minu( )求通话时间（sj）。

（2）根据通信类型确定计费标准(dj)。

（3）根据通话时间（sj）和计费标准(dj）计算通信费用。

第四步：输出今天话费总额。

🗑想一想

第二步：完成填空（1）、（2）。

第三步：完成填空（3）、（4）、（5）、（6）、（7）、（8）。

第四步：调试并运行程序。

小试牛刀

一、选择题

1. 已知 int x=1，y；执行以下语句：y=++x；y+=x++；后，变量 x，y 的值分别是（　　）。

💡**提示**

    A. 3　4　　　　　B. 3　5　　　　　C. 4　3　　　　　D. 5　3

2. 若有 int i=2，j=12；则执行完 i*=j+18；后，i 的值为（　　）。

    A. 42　　　　　　B. 60　　　　　　C. 2　　　　　　D. 32

3. 已知定义：int m=15，n=10；则表达式为 m%=n+4 的值是（　　）。

    A. 0　　　　　　B. 9　　　　　　C. 5.5　　　　　D. 1

4. 设 a=2，a 定义为整型变量，表达式 a*=a+1 的值是（　　）。

    A. 156　　　　　B. 145　　　　　C. 25　　　　　D. 1

5. 设 x,y,z 和 k 都是 int 型变量,则执行表达式 x=(y=4,z=16,k=32)后,x 的值为（　　）。

    A. −1　　　　　B. 1　　　　　　C. 5　　　　　　D. 32

6. 下列语句中，符合语法的赋值语句是（　　）。

    A. a=7+b+c=a+7;　　　　　　　　　B. a=7+b++=a+7;

    C. a=(7+b，b++，a+7)　　　　　　D. a=7+b，c=a+7

7. 若 int k=7，x=12；则能使值为 3 的表达式是（　　）。

    A. x%=(k%=5)　　　　　　　　　　B. x%=(k−k%5)

    C. x%=k−k%5　　　　　　　　　　D. (x%=k)−(k%=5)

8. 设变量 n 为 float 型，m 为 int 类型，则以下能实现将 n 中的数值保留小数点后两位，第三位进行四舍五入运算的表达式是（　　）。

    A. n=(n*100+0.5)/100.0　　　　　　B. m=n*100+0.5，n=m/100.0

    C. n=n*100+0.5/100.0　　　　　　　D. n=(n/100+0.5)*100.0

9. 以下合法的赋值语句是（　　）。

    A. x=y=100　　　　B. d——　　　　C. x+y　　　　D. c=int(a+b)

10. 设以下变量均为 int 类型，则值不等于 7 的表达式是（　　）。

    A. (x=y=6，x+y，x+1)　　　　　　B. (x=y=6，x+y，y+1)

    C. (x=6，x+1，y=6，x+y)　　　　　D. (y=6，y+1，x=y，x+1)

11. 执行下列程序片段时输出结果是（　　）。

```
int x=13, y=5;
printf("%d", x%=(y/=2));
```

    A. 3　　　　　　B. 2　　　　　　C. 1　　　　　　D. 0

12. 执行下列程序片段时输出结果是（　　）。

```
int x=5,y;
y=2+(x+=x++,x+8,++x);
printf("%d",y);
```

    A．13   B．14   C．15   D．16

13．下列语句中，符合语法的赋值语句是（   ）。

    A．a＝7＋b＋c＝a＋7   B．a＝7＋b＋＋＝a＋7

    C．a=(7＋b，b＋＋，a＋7)   D．a＝7＋b，c＝a＋7

14．与代数式(x*y)/(u*v) 不等价的 C 语言表达式是（   ）。

    A．x*y/u*v   B．x*y/u/v   C．x*y/(u*v)   D．x/(u*v)*y

15．以下合法的赋值语句是（   ）。

    A．x=y=100   B．d——   C．x+y   D．c=int(a+b)

二、填空题

1．已知变量 x 和 y 均为 int 型，则执行 x+=y; y=x-y;x-=y; 语句的作用是_____。

2．执行下列程序

```
void main()
{  int x,y;
   x=13;
   y=5;
   printf("%d",x%=(y/=2));
}
```

程序的输出结果是_____。

3．若 a，b，c 都是 int 型变量，且 a=2，b=3，c=4，若执行以下语句，a 的值是_____．

```
a*=16+(b++)-(++c);
```

4．已知 i=3，执行语句 k=(i++)+(i++)+(i++)后，k 的值是_____，i 的值是_____．

5．已知 int a=12，n=5；则：表达式运算后 a 的值各为多少。

    a+=a   _____

    a- =2   _____

    a*=2+3   _____

    a /=a+a   _____

    n%=(n%=2)   _____

    a+=a-=a*=a   _____

6．定义：int m=5，n=3;则表达式 m/=n+4 的值是_____，表达式 m=(m=1,n=2,n-m)的值是_____，表达式 m+=m-=(m=1)*(n=2)的值是 _____。

三、判断题

1．x=5，读作 x 等于 5。

2．对几个变量在定义时赋初值可以写成：int a=b=c=3。   （   ）

3．meles_int+=765+43。   （   ）

4．xy++=3   （   ）

5．a+5=b+7   （   ）

▌▌ 项目小结

    本项目我们学习了 C 语言的运算符与表达式、常量与变量、变量赋值等方面的内容，由三个任务依次展开，项目要求如下：

一、涉及的知识有

（1）了解运算符的运算规律、优先级和结合性；

（2）理解表达式的概念以及表达式的表示；

（3）了解算术、关系、逻辑、条件、逗号运算符。

二、掌握的技能有

（1）熟练运用运算符书写表达式；

（2）掌握表达式求解过程。

挑战自我

1. 假设 m 是一个三位数，写出将 m 的个位，十位，百位反序而成的三位数（例如：123 反序为 321）的 C 语言表达式。

2. 设圆半径 $r=1.5$，圆柱高 $h=3$，求圆周长，圆面积，圆球表面积，圆球体积，圆柱体积。用 scanf 输入数据，输出计算结果；输出时要求有文字说明，取小数点后 2 位数字，请编写程序。

3. 阅读程序，写出结果

```
① void  main ( )
   { int a,b,c;
        int x=5,y=10;
        a=(--y=x++) ? -y : ++x ;
        b=y++ ; c=x ;
        printf("%d,%d,%d",a,b,c);
   }
```

程序的运行结果为＿＿＿＿＿＿＿＿

```
② void  main ( )
{ int a=0,b=0,c=0;
    (++a>0||++b>0)? ++c:c--;
    printf("%d,%d,%d",a,b,c);
}
```

程序的运行结果为＿＿＿＿＿＿＿＿

```
③void  main ( )
{ int x=-1,y=4,k;
   k=x++<=0 && !(y--<=0);
   printf("%d,%d,%d",k,x,y);
}
```

程序的运行结果为＿＿＿＿＿＿＿＿

项目评价

1. 根据本项目各个任务及其"小试牛刀"、"挑战自我"等完成情况，其难易感觉是：

任　　务	☺	☺	☹
任务一、运算符和表达式			
任务二、常量与变量			
任务三、变量赋值运算			
挑战自我			
统计结果（单位：次）			

2．根据本项目各个任务的完成情况，对照"观察点"列举的内容，进行自评或互评。"观察点"内容可视实际情况在教师引导下拓展。

观　察　点	☺	☺	☹
了解运算符的运算规律、优先级和结合性			
理解表达式的概念以及表达式的表示			
理解常量、符号常量与变量的区别			
熟练运用运算符书写表达式			
掌握表达式求解过程			
掌握变量的定义和赋值的方法			
统计结果（单位：次）			

3．根据本项目完成过程中，对照小组合作情况，进行自评或互评。"观察点"内容可视实际情况在教师引导下拓展。

观　察　点	☺	☺	☹
学习态度：态度端正，积极参与，自然大方			
交流发言：语言精心组织，表达清晰有序，声音洪亮			
回答问题：能够随机应变，正确回答提问			
团队合作：小组成员积极参与，相互帮助，配合默契			
任务分配：小组成员都在任务完成中扮演重要角色			
任务完成：通过小组努力，共同探究，较好完成任务			
个人表现：在任务实施过程中努力为小组完成任务积极探索			
统计结果（单位：次）			

项目四　团购方案的选择
——选择结构程序设计

▍▍项目引言

在日常学习、生活中，我们经常需要做出正确的选择。如：如果今天天气好，我们在运动场上体育课，如果下雨则去体育馆上体育课。这需要我们根据天气情况做出判断，确定在哪里上体育课。又如：一年 12 个月，每个月份的天数不尽相同：大月 31 天、小月 30 天，而小月中的二月通常是 28 天，闰年时二月是 29 天。当我们需要回答第 N 月有多少天时，首先要判断这个月份是大月还是小月，如果是小月还要判断是不是二月，如果是二月则又要判断当年是不是闰年。

分支结构程序设计是最基本的程序设计技术。

整个项目分为以下五个任务：

◇　任务一：认识分支结构
◇　任务二：if 语句
◇　任务三：多分支 if 语句
◇　任务四：多分支 switch 语句
◇　任务五：分支语句的嵌套

任务一　认识分支结构

▍▍学习目标

1. 知道关系运算符和逻辑运算符的种类；
2. 掌握关系运算符和逻辑运算符的优先级；
3. 灵活应用关系运算符和逻辑运算符设计分支结构程序。

▍▍任务下达

家电团购活动

某大型电器商城与某保险公司联合举办家电促销专场活动，内容如下：

家电下乡产品在挂牌价的基础上优惠 13%，并同时享受成交价基础上 13% 的补贴；非家电下乡产品打 9 折促销；特价商品 5 折销售。购买两件以上的顾客或者购买金额达 2000 元的顾客可以获取一份精美礼品。

张先生看到这样的活动买了一件家电下乡的冰箱，挂牌价为 2700 元，同时买了一台特价的样机空调原价为 2000 元，请问张先生还能够领取礼品吗？

▌▌知识链接

分支结构也叫选择结构，它的作用是根据给定的条件是真还是假，决定后面的操作或进行进一步的判断。

给定条件通常用关系表达式和逻辑表达式表示，如：

    x>2 && x<5

如果 x 满足条件，整个表达式的结果就为真；否则整个表达式的结果就为假。

一、关系运算符及表达式

（一）关系运算符的种类

关系运算符名称	关系运算符	含义	运算对象个数
小于	<	左边是否小于右边	双目
小于等于	<=	左边是否小于等于右边	双目
大于	>	左边是否大于右边	双目
大于等于	>=	左边是否大于等于右边	双目
等于	==	左边是否等于右边	双目
不等于	! =	左边是否与右边不等	双目

💡 提示

（1）关系运算符的等于"=="不同于赋值运算符"="，前者是判断左边和右边是否相等，而后者仅仅是赋值。

（2）C 语言中的不等于用"! ="表示。

（3）字符型数据也可以参与关系运算，比较的是其对应的 ASCII 码值。

如'a'>'b'为"假"。

（二）关系表达式

关系表达式是指用关系运算符将两个表达式连接起来进行比较运算的式子。关系表达式的最终结果是逻辑值：如果关系成立，则表达式的值为"真"，用数值"1"表示；如果关系不成立，表达式的值为"假"，用数值"0"表示。

（三）关系运算符的优先级

关系运算符都是双目运算符，其结合性均为左结合。关系运算符的优先级低于算术运算符，高于赋值运算符。在六个关系运算符中，<、<=、>、>=的优先级相同，且高于==和!=，==和!=的优先级相同。

二、逻辑运算符及表达式

（一）逻辑运算符种类

逻辑运算符名称	逻辑运算符	含义	运算对象个数
逻辑非	!	真为假，假为真	单目
逻辑与	&&	左右都成立才为真	双目
逻辑或	‖	左右有一个为真就为真	双目

💡 **提示**

（1）C 语言允许直接对数字或字符进行逻辑运算。如 5 的逻辑值为"1"。

（2）代数中的不等式 0<x<5 必须写成(x>0)&&(x<5)，而不能直接写成 0<x<5。

（二）逻辑运算符的表达式

逻辑表达式是指用逻辑运算符将两个表达式连接起来的式子。其中的表达式还可以是逻辑表达式，从而组成了逻辑表达式嵌套的情形。

比如：

```
(a&&b)&&c
```

逻辑表达式的值分"真"和"假"，分别用"1"和"0"表示。

逻辑运算的法则：

真与真为真，其余为假；

假或假为假，其余为真；

非真为假，非假为真。

（三）逻辑运算符的优先级

与运算符 &&和或运算符||均为双目运算符。具有左结合性。非运算符!为单目运算符，具有右结合性。

（1）!（非）→&&(与)→||(或)

（2）"！"→算术运算符→关系运算符→&&(与)→||(或)。

```
┌─────────┐   ↑
│ !（非）    │   │
│ 算术运算符  │   │
│ 关系运算符  │   │
│ &&和 ||    │   │
│ 赋值运算符  │   │
└─────────┘
```

▌▌ 实践向导

第一步：读任务，分析张先生可以领取礼物的情形

【情形 1】

购买两件以上的商品。

【情形 2】

购买商品总额达到 2000 元。

第二步：定义变量，思考所用的表达式

【要素 1】设定变量及类型

购买家电下乡产品数量   int   sl_xx

购买非家电下乡产品数量   int   sl_fxx

购买特价产品数量   int   sl_tj

【要素 2】需要运用的表达式

关系表达式

逻辑表达式

想一想

关系表达式用在哪里？逻辑表达式用在哪里？

第三步：计算各部分需付钱款和购买数量

【家电下乡产品部分】

需付钱款：2700*（1-0.13）*（1-0.13）

数量：sl_xx=1

【非家电下乡产品部分】

需付钱款：0

数量：sl_fxx=0

【特价产品部分】

需付钱款：2000*0.5

数量：sl_tj=1

【付款总额】

2700*（1-0.13）*（1-0.13）+0+2000*0.5

第四步：判断是否可以领取奖品

领取奖品必须符合两种情形中的一种：

【情形1】购买两件以上的商品

达到情形1必须同时符合购买两件以上商品的条件：

```
sl_xx+sl_fxx+sl_tj>=2
```

【情形2】购买商品总额达到2000元。

2700*（1-0.13）*（1-0.13）+0+2000*0.5>=2000

两种情形只需满足一种即可领取奖品，因而两种情形之间的关系是或。

```
(sl_xx+sl_fxx+sl_tj>=2)|| 2700*(1-0.13)*(1-0.13)+0+2000*0.5>=2000
```

提示

整个表达式的结构为1，所以张先生可以领取礼品。

‖ 小试牛刀

1. 某单位启动新一轮的人事招聘计划，要求如下：（P4-1-1.C）

女：本科学历，计算机专业，26岁以下（含26岁），身高不低于160cm；

男：本科学历，计算机专业，30岁以下（含30岁），身高不低于170cm；

请用C语言写出符合应聘者的条件要求。

性别	学历	专业	年龄	身高
男（m）				
女（w）				

（注：大专学历请填1，本科学历请填2，硕士学历请填3，博士及以上学历请填4；计算机专业请填1，其他请填0）

2. 判断用int型变量year表示的某一年是否是闰年。（P-4-1-2.C）

提示

符合下面条件之一的就是闰年：

能被 4 整除，但不能被 100 整除，如 2008。

能被 400 整除，如 2000。

任务二　if 语句

学习目标

1. 理解 if 语句的执行过程；
2. 掌握 if 语句的格式；
3. 能用 if 语句设计简单的程序。

任务下达

家具团购会

3.15 期间某家具商城举办了首届千人家具团购会，具体活动如下：

- 订购指定商品，让利至 6 折；
- 订购新款商品达 3000 元及以上，可享受 8.5 折优惠，不满 3000 元，可享受 9.5 折的优惠；
- 凡下订单达 1000 元以上，均可到收银台团购兑奖处领取特别礼品一份。

张先生订购了一款指定的商品，原价 998 元，同时又订购了一款新款的办公家具用品，原价 3598 元，请问张先生需要支付多少钱，可以领取指定礼品吗？

知识链接

if 语句是分支结构的基本语句之一，主要包括以下两种基本形式。

一、单分支 if 语句

if 语句的最简单形式即单分支结构，其一般语法为：

```
if（表达式）
    语句；
```

单分支 if 语句流程示意图如下。

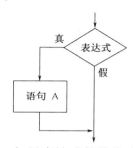

执行过程：先计算表达式的值，如果表达式的值为真，则执行语句；否则直接退出 if 语句，继续执行 if 语句后面的部分。

判断一个数是否是偶数，是则输出其数是偶数。

```
#include<stdio.h>
void main()
{int a=25;
if( a%2==0 )      /*判断 a%2==0 的值是否是真*/
```

```
printf("%d是偶数",a);   /*如果a是偶数则输出*/
}
```

二、双分支 if 语句

if 语句的另一个重要的形式便是双分支 if 语句，其一般语法为：

```
if（表达式）
语句 A；
else
语句 B；
```

双分支 if 语句的流程示意图如下。

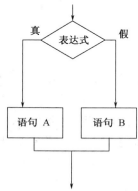

执行过程：先计算表达式的值，如果表达式的值为真，则执行语句 A；否则执行语句 B。该格式中的语句 A 和语句 B 有且只有一个会得到执行。

判断一个数是否是偶数，是则输出其数是偶数，否则输出其数是奇数。

```
#include<stdio.h>
void main()
{
int a=25;
if( a%2==0 )
printf("%d是偶数",a);
else
printf("%d是奇数",a);
}
```

▌▌ 实践向导

第一步：读任务，分析任务的具体内容

【计算指定商品应付钱款】

指定商品应付钱款=该商品原价*折扣。

指定商品折扣为 0.6。

【计算新款商品应付钱款】

新款商品应付钱款=新款商品原价*折扣；

折扣 $\begin{cases} 原价>=3000 元 & 折扣为 0.85 \\ 原价<3000 元 & 折扣为 0.95 \end{cases}$

【计算应付钱款总和】

应付钱款=指定商品应付钱款+新款商品应付钱款。

【判断是否可以获得礼品】

折扣 $\begin{cases} \text{应付钱款}>=1000\,元 & \text{可以获得礼品} \\ \\ \text{应付钱款}<1000\,元 & \text{没有礼品} \end{cases}$

💡 提示

（1）指定商品的应付钱款不用判断，直接计算。

（2）新款商品的折扣是根据新款商品的原价来判断的，因此这里将出现一个分支判断。

（3）是否可以获得礼物也需要根据最终应付钱款的总额来判断。

第二步：设定需要使用的变量及类型

指定商品原价	int yj_zd;
新款商品折扣	float zk_zd;
指定商品应付钱款	float zd;
新款商品原价	int yj_xk;
新款商品折扣	float zk_xk;
新款商品应付钱款	float xk;
应付钱款	float yf;

 想一想

为什么将指定商品应付钱款、新款商品应付钱款、应付钱款设置为 float 型变量呢？

第三步：根据任务内容构建流程图

该任务的流程图如下图所示。

参考程序（P4-2-1.c）：

```
#include<stdio.h>
void main()
{
float zd,zk_xk,zk_zd=0.6,xk,yf;
int yj_xk=3598,yj_zd=998;
zd=yj_zd*zk_zd;
if(yj_xk>=3000)
zk_xk=0.85;
else
zk_xk=0.95;
xk=yj_xk*zk_xk;
yf=zd+xk;
if(yf>=1000)
printf("您可以领取一份指定礼品！");
}
```

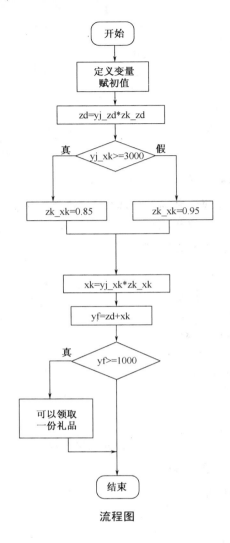

流程图

小试牛刀

1. 输入一个字母判断是否为大写字母，如果是大写字母则输出"您输入的是大写字母"。（P4-2-2.c）

2. 期中考试刚刚结束，张宇这次语文考了 88 分，数学考了 90 分，英语考了 65 分，专业课考了 78 分。张宇的妈妈说如果张宇的平均分不低于 80 分，寒假就带着张宇去上海看"世博"，否则只能去南京海底世界。请问张宇可以去哪里玩呢？（P4-2-3.c）

3. 试编程判断输入的正整数是否既是 5 又是 7 的整倍数。若是，则输出 yes，否则输出 no。（P4-2-4.c）

任务三　多分支 if 语句

学习目标

1. 理解多分支 if 语句的执行过程；
2. 掌握多分支 if 语句的格式；

3．能用多分支 if 语句设计简单的程序。

任务下达

广本雅阁 2.4L 团购促销方案

惊喜优惠节节高：根据现场订车数量制定价格政策，订车数量越多，可享优惠越多，具体如下：

订车数量	车型	优惠政策
5～9 台	雅阁	优惠 15000
10～14 台	雅阁	优惠 16000＋一次常规保养
15 台以上	雅阁	优惠 18000＋一次常规保养

张先生的租车公司正打算扩大公司规模，欲订购 17 台雅阁 2.4L 的汽车，可以享受多少优惠呢？

知识链接

多分支 if 语句的一般语法为：

```
if（表达式 1）
   语句 1;
else if(表达式 2)
   语句 2;
……
else if(表达式 n)
   语句 n;
else
   语句 n+1;
```

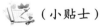（小贴士）

其流程图如下图所示。

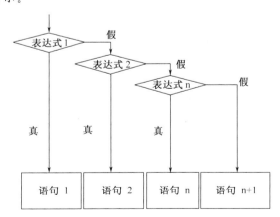

执行过程：

先计算表达式 1 的值，若为真，则执行语句 1；否则计算表达式 2 的值，若为真，则执行语句 2；否则计算表达式 3 的值，若为真，则执行语句 3……否则计算表达式 n 的值，若为真，则执行语句 n；否则执行语句 n+1。

该格式中的语句 1 到语句 n+1 有且只有一个会得到执行。

P4-3-1：给出一百分制成绩，要求输出成绩等级 A、B、C、D、E。90 分以上为 A，80~89 分为 B，70~79 分为 C，60~69 分为 D，60 分以下为 E。

```
#include<stdio.h>
void main()
{
int score;
printf("请输入成绩 score: ");
scanf("%d",&score);
if( score>=90)
printf("A");
else if (score>=80)
printf("B");
else if (score>=70)
printf("C");
else if (score>=60)
printf("D");
else
printf("E");
}
```

实践向导

第一步：通读任务，分析不同情况下的各种优惠额度

【情况 1】购买 5 台以下

不享受任何优惠政策。

【情况 2】购买 5 台以上，10 台以下

优惠 15000 元。

【情况 3】购买 10 台以上，15 台以下

优惠 16000 元，此外赠送一次常规保养。

【情况 4】购买 15 台以上

优惠 18000 元，此外赠送一次常规保养。

提示

千万别忘了购买 5 台以下的情况哦！

第二步：设定需要使用的变量及类型

购买车辆台数　　int sl;

优惠额度　　　　int yh;

第三步：构建流程图

其流程图如下图：

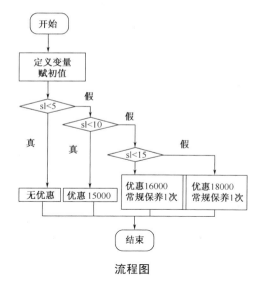

流程图

参考程序（P4-3-1.c）：

```
#include<stdio.h>
void main()
{
int sl,yh;
printf("请输入购买数量");
scanf("%d",&sl);
if(sl<5)
printf("无优惠");
else if(sl<10)
printf("优惠 15000");
else if(sl<15)
printf("优惠 16000,加送常规保养一次");
else
printf("优惠 18000,加送常规保养一次");
}
```

💡提示

从键盘输入 17 的运行结果为：优惠 18000，加送常规保养一次。

‖ 小试牛刀

一、写出下列程序的输出结果？（P4-3-2.c）

```
#include<stdio.h>
void main( )
{
float  a, b;
scanf("%f",&a);
if(a<0.0)b=0.0;
else if(a<0.5) b=1.0/(a+2.0);
else if(a<10.0) b=1.0/a;
else  b=10.0;
```

```
    printf("%f\n",b);
    }
```
该程序的运行结果为_____

🔒 **想一想**

从键盘输入 2，结果是多少？

二、书城促销活动方案如下（P4-3-3.c）

购书未满 200 元，赠送 5 元购书券；购书满 200 元但未满 500 元，赠送购书券金额为消费金额的 5%；购书满 500 元但未满 1000 元，赠送购书券金额为消费金额的 10%；购书满 1000 元及以上，赠送购书券金额为消费金额的 15%。现需要为服务台的工作人员编写一个程序，计算每次发放购书券的金额。

假设 m 表示某人的购书金额，p 表示需要发放的购书券金额。

	消费金额范围	购书券金额计算
情况 1	m<200	P=5
情况 2	500>m>=200	P=m*5%
情况 3	1000>m>=500	P=m*10%
情况 4	m>=1000	P=m*15%

任务四 多分支 switch 语句

学习目标

1. 理解多分支 switch 语句的执行过程；
2. 掌握多分支 switch 语句的格式；
3. 能用多分支 switch 语句设计简单的程序。

任务下达

某旅行社推出欧洲十日游组团优惠方案：

每年暑假都是旅行旺季，为了更好地吸引顾客，各旅行社都提出各种优惠套餐；某旅行社推出的优惠方案如下：

组团人数	原价：元/人	优惠政策
2～9 人	12800	九五折
10～19 人		九折
20 人以上		八五折

某公司市场部为了感谢员工上半年创收的效益，打算组织本部门员工参加欧洲十日游。假定部门员工为 n 人，计算总费用。

知识链接

switch 多分支语句的一般语法为：
```
switch(表达式){
    case 常量表达式1: 语句1;
```

```
        case 常量表达式 2:  语句 2;
           …
        case 常量表达式 n:  语句 n;
        default  :  语句 n+1;
               }
```

🔒**想一想**

switch 多分支与 if 多分支的区别？

switch 语句的执行过程如下。

① 先求出表达式的值。

② 将表达式的值依次与 case 后面的常量表达式值相比较，当表达式的值与某个常量表达式的值相等时， 即执行其后的语句，然后不再进行判断，继续执行后面所有 case 后的语句。

③ 如表达式的值与所有 case 后的常量表达式均不相同时，则执行 default 后的语句。如果没有 default 语句，则什么也不执行。

P4-4-1：输入一个数字 i，输出对应的英文，当整型变量 i 为 1 时，输出"Monday"；当整型变量 i 为 2 时，输出"Tuesday"……当整型变量 i 为 7 时，输出"Sunday"；i 不在 1~7 之间，输出"error"。

```c
#include <stdio.h>
void main()
   { int i;
     printf("input integer number:");
     scanf("%d",&i);
     switch (i){
        case 1:printf("Monday\n");
        case 2:printf("Tuesday\n");
        case 3:printf("Wednesday\n");
        case 4:printf("Thursday\n");
        case 5:printf("Friday\n");
        case 6:printf("Saturday\n");
        case 7:printf("Sunday\n");
        default:printf("error\n");}
   }
```

程序运行结果为_____

```
    input integer number: 5↙
    Friday
    Saturday
    Sunday
  error
```

switch 语句注意事项：

（1）在 case 后的各常量表达式的值不能相同，否则会出现错误。

（2）在 case 后，允许有多个语句，可以不用{ }括起来。

（3）各 case 和 default 子句的先后顺序可以变动，而不会影响程序的执行结果。

（4）default 子句可以省略不用。

（5）当 case 后有 break 语句时，则执行完该 case 语句后跳出并结束分支结构。

修改程序如下，判断运行结果。

```
switch (i){
case 1:printf("Mon\n");
case 2:printf("Tue\n");
case 3:printf("Wed\n");
case 4:printf("Thu\n");
default:printf("error\n");
case 5:printf("Fri\n");
case 7:printf("Sun \n");printf ("relax\n"); break;
case 6:printf("Sat \n");
}
```

想一想

分别输入 4 和 5 时程序运行的结果？

实践向导

第一步：通读任务，分析不同情况下的各种优惠额度

【情况 1】1 人报名

不享受任何优惠政策。

【情况 2】2～9 人报名

每人费用 12800*0.95。

【情况 3】10～19 人报名

每人费用 12800*0.9。

【情况 4】20 人及以上报名

每人费用 12800*0.85。

提示

千万别忘了 1 人报名的情况哦！

第二步：设定参团人数，判断优惠额度

参团人数 int num；优惠比率 float n；

总费用 float y；

```
nun=1，n=1;
2≤num≤9，n=0.95;
10≤num≤19，n=0.9;
num≥20，n=0.85;
```

第三步：根据分类情况，设置 case 分支

根据 switch 分支的特点，需要用一个值表示一个范围，可通过以下办法实现。

```
if（num==1）m=-1;
m=num/10;
if (m>2) m=2;
```

想一想

有没有其他办法？

参考程序（P4-4-1.c）

```
#include<stdio.h>
```

```
void main()
{
int num, m; float n,y;
printf("请输入购买数量");
scanf("%d",&num);
if (num==1) m=-1;
m=num/10;
if (m>2) m=2;
switch (m){
case -1:n=1;
case 0: n=0.95;
case 1: n=0.9;
case 2: n=0.85;
}
y=num*n*12800;
printf("总费用为%f\n",y);
}
```

小试牛刀

1. 写出下列程序的输出结果？（P4-5-2.c）

```
#include <stdio.h>
void main()
  { int i,a;
    printf("input integer number: ");
    scanf("%d",&i);
 switch (i){
case 1: a++;
case 2: a=a+2;
default: printf("error\n");
case 3: a=a+3; break;
case 4: a=a+4;
 }
```

程序的运行结果为_____

想一想

从键盘分别输入 2 和 3，程序运行的结果？

2. 某游泳馆的促销活动方案如下（P4-5-3.c）：

某游泳馆全年按季度实施打折策略，第一季度打 6 折，第二季度打 8 折，第三季度不打折，第四季度打 8 折。输入月份，判断即时的门票（原价为 80 元/人）。

任务五　分支语句的嵌套

学习目标

1. 理解分支嵌套语句的执行过程；
2. 掌握分支嵌套语句的格式；

3. 能用分支嵌套语句设计简单的程序。

任务下达

某移动公司话费充值方案：

某移动电话公司为了吸引更多的顾客，采取充话费送礼券的优惠（说明：活动期间每人只能参加一次本活动）。

	充值额度	礼券面值
方案1	≥300	200
方案2	200≤x＜300	100
方案3	100≤x＜200	50

知识链接

在 if 中嵌套——分支嵌套语句结构一：

```
if（表达式1）
    if（表达式2）
    语句1；
    else
    语句2；
else
语句3；
```

在 else 中嵌套——分支嵌套语句结构二：

```
if（表达式1）
语句1；
else
    if（表达式2）
    语句2；
    else
    语句3；
```

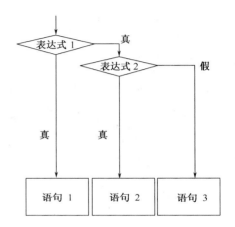

实际上 if 语句还可以和 switch 语句相结合实现选择嵌套。

注意事项：

（1）else 总是与它上面最近未配对的 if 配对。

（2）如果需要在指定位置实现嵌套，可以加花括号来确定配对关系。如：

```
if(x>5)
{if (x>10) printf("%d",x);}
else
printf("%d",x-1);
```

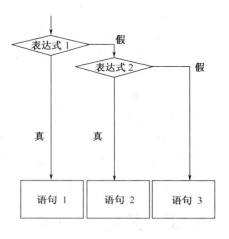

 想一想

若 x=4，程序运行结果？

不加大括号程序的运行结果？

P4-5-1 我国实行无偿献血制度，提倡十八周岁至五十五周岁的健康公民自愿献血，对献血者体重的规定是，男性公民体重要达到 50 千克（含 50 千克）以上，女性公民要达到 45 千克（含 45 千克）以上。请设计程序来判断献血者能否参加无偿献血。

```c
#include <stdio.h>
int main()
{
    int sex, weight;
    printf("请输入性别和体重（千克）: ");
    scanf("%d,%d", &sex, &weight);
    if(sex ==1)
    {
        if(weight >= 50)
            printf("可以参加献血");
        else
            printf("您的体重不达标");
    }
     else
    {
        if(weight >= 45
            printf("可以参加献血");
        else
            printf("您的体重不达标");
    }
}
```

🔒想一想

从键盘输入 1 和 49，程序运行的结果？

嵌套的 if 语句外的大括号可以省略吗？

实践向导

第一步：通读任务，分析分支结构

其实问题中有三种优惠方案，注意还有第四种不优惠方案。之前我们可以利用 if 多分支结构解决，这里我们可以将四分支归为 2 大分支。假设以 200 为界。

【情况 1】200 元以上（含 200 元）

x≥300 送 200 元礼券；

200≤x＜300 送 100 元礼券；

【情况 2】200 元以下

100≤x＜200 送 50 元礼券；

x＜100 无优惠；

🔒想一想

还可以其他的分类办法吗？

第二步：转换成分支结构

充值额度：int money;

礼券额度：int yh;

【情况 1】if(x>=200)

```
    if(x>=300)
        yh=200;
    else
        yh=100;
```

【情况 2】if(x<200)

```
    if(x>=100)
        yh=50;
    else
        yh=0;
```

💡 提示

从键盘输入 120 的运行结果为：您充值 120 元，赠送礼券 50 元。

参考程序（P4-6-1.c）

```
#include<stdio.h>
void main()
{
int money,yh;
printf("请输入充值额度：");
scanf("%d",&money);
if(x>= 200)
if(x>= 300)
yh=200;
else
yh=100;
else
if(x>= 100)
yh=50;
else
yh=0;
printf("您充值%d 元，赠送礼券%d 元。", money, yh);
}
```

▌▌小试牛刀

1. 试编写一个程序，根据用户输入 1 和 2 的不同组合，进行下列不同的运算（P4-6-2.c）。

当 x=1，y=1 时，计算 x^2+y^2；

当 x=1，y=2 时，计算 x^2-y^2；

当 x=2，y=1 时，计算 x^2*y^2；

当 x=2，y=2 时，计算 x^2/y^2；

2. 用 if 嵌套编写下列程序（P4-6-3.c）。

张宇去邮局邮寄包裹，现邮局对邮寄包裹有如下规定：对可以邮寄的包裹每件收手续费 0.2 元，再加上根据下表按重量 wei 计算的资料：

重量(千克)	收费标准(元/千克)
wei<10	0.80
10<=wei<20	0.75

20<=wei<30   0.70

如果张宇邮寄的物品重 23 千克，请问张宇需付多少钱？

项目小结

在实施项目过程中，我们学习了分支结构程序设计的思想，接触了几种分支语句的结构，需要大家掌握的内容有：

一、涉及的知识

1．理解分支结构程序设计的思想；

2．理解 if 分支语句的结构及流程；

3．理解 switch 分支语句的结构及流程；

4．理解分支语句的嵌套结构。

二、掌握的技能

1．掌握利用 if 分支语句实现编程；

2．掌握利用 switch 分支语句实现编程；

3．掌握分支语句的嵌套。

挑战自我

有一函数关系见下表所示，请编写程序计算 y 的值。

x	y
x<0	x−1
x=0	x
x>0	x+1

项目评价

1．根据本项目各个任务及其"小试牛刀"、"挑战自我"等完成情况，其难易感觉是：

任　务	☺	☺	☹
任务一：认识分支结构			
任务二：if 语句			
任务三：多分支 if 语句			
任务四：多分支 switch 语句			
任务五：分支语句的嵌套			
挑战自我			
统计结果（单位：次）			

2．根据本项目各个任务的完成情况，对照"观察点"列举的内容，进行自评或互评。"观察点"内容可视实际情况在教师引导下拓展。

观　察　点	☺	☺	☹
正确绘制 if 语句模块流程图			
能够理解和应用 if 简单分支语句			
能够理解和应用 if 多分支语句			

观　察　点	☺	☺	☹
能够理解和应用 switch 多分支语句			
能够理解和应用分支嵌套语句			
统计结果（单位：次）			

3．根据本项目完成过程中，对照小组合作情况，进行自评或互评。"观察点"内容可视实际情况在教师引导下拓展。

观　察　点	☺	☺	☹
学习态度：态度端正，积极参与，自然大方			
交流发言：语言精心组织，表达清晰有序，声音洪亮			
回答问题：能够随机应变，正确回答提问			
团队合作：小组成员积极参与，相互帮助，配合默契			
任务分配：小组成员都在任务完成中扮演重要角色			
任务完成：通过小组努力，共同探究，较好完成任务			
个人表现：在任务实施过程中努力为小组完成任务积极探索			
统计结果（单位：次）			

项目五　循环结构程序设计
——多少种演唱会门票购买方法

▋ 项目引言

在我们的生活中经常会看到一些循环结构的实例，如繁华街市里规律闪动的霓虹灯、空中不断飘扬着的同一个音乐旋律、每天清晨坚持的跑步运动等等，其中都含有"循环"因素。那么，C 语言中的循环结构是什么？通过什么语句来控制循环？本项目将带领大家全面地认识 C 语言的循环结构。

整个项目分为以下六个任务：
- ◇　任务一、认识循环结构
- ◇　任务二、while 循环语句
- ◇　任务三、do…while 循环语句
- ◇　任务四、for 循环语句
- ◇　任务五、break 语句和 continue 语句
- ◇　任务六、循环的嵌套

任务一　认识循环结构

▋ 学习目标

1. 掌握循环结构和顺序结构及分支结构的区别；
2. 知道循环结构的三种结构语句。

▋ 任务下达

话说猪八戒在高老庄时，能干更能吃，尤其喜欢吃馒头。他岳父每次吃饭都先问他："乖女婿，饿了吧？"八戒说："是"。岳父就给他一个馒头，待他吃完后再问"饿了吧？"如果八戒回答"是"，就再给一个馒头，如此重复下去，直到八戒回答说"不，饱了"为止。

同学们：如何用流程图表示猪八戒吃馒头的过程呢？

▋ 知识链接

一、顺序结构

顺序是程序设计中最简单的基本结构，顺序结构是按照语句的书写顺序依次执行，语句

在前的先执行，语句在后的后执行。如下图所示。

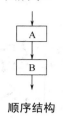

顺序结构

上图描述的是一个顺序结构的程序，即在 A 语句执行完成之后，必然接着执行 B 语句的操作。

二、选择结构

选择结构也是程序设计的基本结构之一。与顺序结构不同，程序的执行不是按照语句书写的先后顺序，而是根据表达式的值来决定程序执行的分支，因此选择结构也称为分支结构。如下图所示。

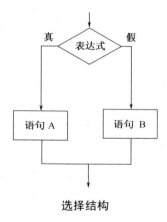

选择结构

图 5-1-2 描述的则是程序设计中典型的选择结构。当程序执行到表达式位置时要先判断表达式的值，如果表达式的值为真则执行语句 A，然后继续向下执行；如果表达式的值为假，则执行语句 B，然后继续向下执行。无论表达式的值是什么，语句 A 和语句 B 至少有一被执行，并且执行之后都脱离本选择结构，继续向下执行。

三、循环结构

虽然有了顺序结构和选择结构，但是仍然有很多问题仅仅用这两种结构还实现不了。比如我们遇到一种需要重复操作，并且这种操作还有一定的规律，用顺序结构将会非常麻烦，用选择结构又不可解决。这时，程序设计中的循环结构正是解决这类问题的最佳结构。

循环结构的特点是：在给定条件成立时，反复执行某一操作，直到条件不成立为止。

C 语言提供以下三种循环语句，可以组成各种不同形式的循环结构。

（1）while 循环

（2）do-while 循环

（3）for 循环

下图描述的是 while 循环结构的流程示意图。

while 循环结构

实践向导

第一步：分析八戒吃馒头的过程

岳父问："饿了吧？"

八戒答："是"

岳父给一个馒头，八戒吃完。

岳父又问："饿了吧？"

八戒答："是"

岳父再给一个馒头，八戒吃完。

……

……

……

岳父又问："饿了吧？"

八戒答："不，饱了"

岳父不再给馒头。

第二步：判断所属的 C 程序结构

由上面的分析过程可知，以下过程是不断重复的：

岳父问："饿了吧？"

八戒答："是"

岳父给一个馒头，八戒吃完

直到遇到以下情况，则不再重复：

岳父问："饿了吧？"

八戒答："不，饱了"

可以判断该结构属于 C 程序中的循环结构。

第三步：选择 while 结构，绘制流程示意图

由以上可知，岳父给八戒馒头是根据八戒回答"饿了吧"的结构，如果回答"是"，则给一个馒头，否则不再给馒头。于是可绘制如下流程示意图。

八戒吃馒头

小试牛刀

1. 请你举出生活中类似这种循环结构的例子。
2. 请用传统流程图表示生活中循环结构的实例。

任务二　while 循环语句

学习目标

1. 掌握 while 语句的一般格式；
2. 理解 while 语句的执行过程；
3. 能用 while 语句解决实际问题。

任务下达

　　新一轮的班干部改选开始了，这次小明鼓足了勇气，参与了竞选班长的行列当中，小明的选举代号 num 是 11 号。选举结束后，小明急切地想知道自己赢得了多少票？小明的班级共有 38 位学生，请大家帮小明统计一下他的得票情况吧！

知识链接

一、while 循环语句一般格式

```
while（表达式）
语句；
```
　　说明：当表达式成立（即表达式的值为"真"）时执行循环体语句，否则跳出本循环，继续执行后面的语句。
　　M5-2-1.c 输出小于 3 的自然数。其流程图如下图所示。

```
#include<stdio.h>
void main()
{
int i=1;
while(i<=3)
{  printf("%d\n",i);
i++;
```

```
    }
  }
```

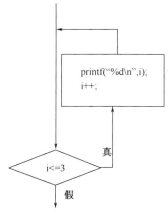

程序流程图

二、循环结构的三要素

循环结构一般包含三要素：

① 循环变量：即参与循环并使循环趋于结束的变量，如本例中变量 i。

② 循环体语句：满足条件时重复执行的循环语句，如本例中 printf("%d\n"，i)和 i++ 两条语句。注意 while（表达式）判断语句范围只到其后的 1 条语句，当循环体语句多于 1 条语句时需要加花括号；

③ 循环控制条件：判断循环是否继续执行的表达式，如本例中(i<=3)。

程序运行结果为：

```
    1
    2
    3
```

想一想

循环体语句总共被执行了几次呢？变量 i 的最终值是多少呢？

▌▌实践向导

第一步：分析该题采用的主要结构类型

小明的得票数是通过判断选票的 num 号来决定的，如果选票的 num 号是 11 的话，说明小明获得了一票，继续判断下一张选票，直到判断完所有的选票为止。因此该结构属于循环结构，可以用 while 语句来实现。

第二步：确定循环三要素

控制循环是否进行的条件是是否把 38 张选票全部判断完毕，由此可见，选票的张数是判断循环是否继续的条件。

同时标志循环次数的变量也就是本题的循环变量。

一旦进入循环，首先要进行判断：如果选票的内容 num 是 11 的话，那用于标记小明得票数的变量就要加 1。然后再来看下一张选票。这就是整个循环体部分。

参考程序：（P5-2-1.c）

```
#include<stdio.h>
void main( )
{
 int num,i=1,count=0;
while(i<=4)
{
scanf("%d",&num);/*选票的内容通过键盘来输入控制*/
if(num==11)  /*如果是 11，即投给小明的选票 */
count++;
i++;
}
printf("小明得票数是%d",count);
}
```

▌▌ 小试牛刀

1. 求 100 以内所有偶数之和。（P5-2-2.c）

2. 小明上小学三年级，在期末考试中母亲答应他如果 5 门功课中 4 门及格并且平均分超过 60 分就带他去芜湖方特游玩。编程判断小明能否去方特游玩。（P5-2-3.c）

提示

数据源：5 门功课成绩；

平均数：依次累加 5 门功课成绩，求平均值；

及格科目数统计：依次判断，如果及格则统计个数加 1，否则不处理。

3. 阅读程序，给出结果（P5-2-4.c）

```
#include "stdio.h"
void main( )
{
int   i=1,a=0;
while(i<=15)
{
printf("a=%d,i=%d\n", a,i);
a+=2*i;
i+=3;
}
printf("a=%d,i=%d\n", a,i);
}
```

该程序的运行结果为_____

任务三　do…while 循环语句

▌▌ 学习目标

1. 掌握 do…while 语句的一般格式；

2. 理解 do…while 语句的执行过程；

3. 能用 do…while 语句解决实际问题。

任务下达

炎炎暑假，小明决定去参加"智勇大闯关"活动。活动规定每支队伍一共 15 人，耗时低于 15 秒则认为通过，如果过关人数达到 12 人，则该团队顺利进入下一关。

活动开始，小明被分配到了蓝队，激烈的比赛开始了，那如何统计小明的队伍是否过关呢？

知识链接

一、do…while 循环语句一般格式

```
do
    循环体语句；
while（表达式）；
```

说明：先执行循环体语句，再判断循环条件是否成立。当表达式成立（即表达式的值为"真"）时继续执行循环体语句，否则跳出循环。

M5-3-1.c 输出小于 3 的自然数。

```
#include<stdio.h>
void main()
{
int i=1;
do
{
printf("%d\n",i);
i++;
}
while(i<=3);
}
```

```
┌─────────────────┐
│printf("%d\n",i);│
│i++;             │
└─────────────────┘
        │
      ◇ i<=3 ◇ ──真
        │
        假
```

 提示

while（表达式）后有分号。

程序运行结果为：

1

2

3

想一想

1. 如何将 do…while 改写成 while 语句。

2. while 和 do…while 的区别。

3. 如果将 i 的初值设置为 4，那么，改写后的 while 和 do…while 语句的运行结果分别是多少呢？

二、do…while 循环语句的特点

先执行后判断

（1）do…while 语句先执行循环体语句，再判断是否满足条件，满足条件继续执行循环体语句，直到条件不成立为止。

（2）do…while 语句无论条件是否满足，循环体语句总是要被执行一次。即使条件一开始就不成立，循环体语句依旧被执行一次。

▍▍实践向导

第一步：分析该游戏的过程

（1）参加游戏的人数增 1；

（2）开始游戏；

（3）判断是否过关，如果过关则过关人数增 1；

（4）判断参加游戏的人数是否超过 15 人，如果没超过则继续回到（1）的位置，如果超过则不再进行游戏，跳至（5）的位置继续进行；

（5）判断过关人数是否达到 12 人，如果达到则表示恭喜，允许进入下一关，否则只能遗憾地离场。

第二步：根据游戏过程，确定程序的主要结构

通过对游戏过程的分析，我们可以看出（1）～（4）是典型的循环结构，而且很符合 do…while 的要求，即先执行循环体部分，再判断是否继续循环。而（5）则是循环结构后面的分支结构。

参考程序：（P5-3-1.c）

```c
#include<stdio.h>
void main( )
{
 int i=0,count=0,grade;
 do
 {
 i++;
 scanf("%d",&grade);
 if(grade<15)
     count++;
 }while(i<=15);
 if(count>=12)
     printf("恭喜蓝队，进入下一关");
 else
     printf("很遗憾，闯关失败！");
}
```

▍▍小试牛刀

1. 阅读程序，给出结果（P5-3-2.c）

```c
#include "stdio.h"
void main( )
```

```
{
int  i=3,a=1;
do
{ printf("a=%d,i=%d\n", a,i);
i+=3;
a+=2*i;
}while(i<=10);
printf("a=%d,i=%d\n", a,i);
}
```

该程序的运行结果为_____

2．用 do…while 语句求 100 以内能被 3 整除的数（P5-3-3.c）。

3．用 do…while 语句求 100 到 200 之间能同时被 3 和 5 整除的数（P5-3-4.c）。

任务四　for 循环语句

学习目标

1．掌握 for 语句的一般格式；

2．理解 for 语句的执行过程；

3．能用 for 语句解决实际问题。

任务下达

小猴子第一天摘下若干个桃子，当即吃了一半，还不过瘾，又多吃了一个。以后每天早上都吃了前一天剩下的一半又多一个，到了第十天想吃的时候，只剩下一个桃子了，小猴子第一天总共摘了多少个桃子呢？

知识链接

for 语句是 C 语言中较灵活的一种循环语句，不但可以用于循环次数确定的情况，也可以用于循环次数不确定的情况，如只给出循环结束条件。

一、for 语句的一般格式

for(表达式 1；表达式 2；表达式 3)

循环体语句；

说明：

表达式 1：循环变量赋初值；

表达式 2：循环控制条件；

表达式 3：循环变量增值。

想一想

for(表达式 1；表达式 2；表达式 3)；会出现什么情况呢？

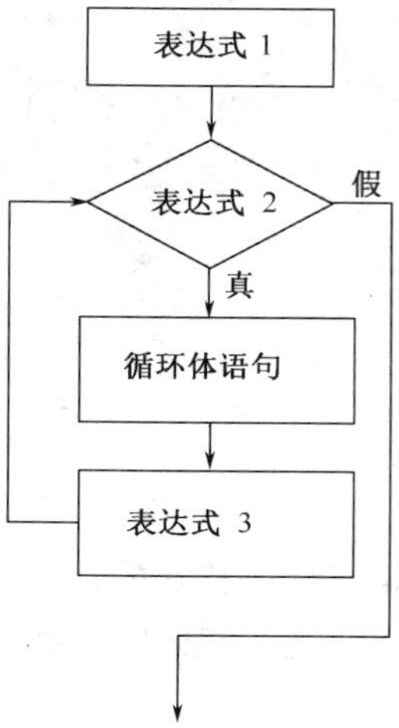

for 循环流程示意图

二、执行过程

for 循环语句执行过程：

① 先执行表达式 1。

② 判断表达式 2（循环控制条件）是否成立。

③ 当表达式成立（即表达式的值为“真”）时执行循环体语句，然后执行表达式 3 实现循环变量增值变化，最后再次返回 2，判断是否执行下一次循环。

④ 当表达式 2 不成立（即表达式值为“假”）时结束循环，执行循环后面的语句。

M5-4-1.c 输出小于 3 的自然数。

```
#include<stdio.h>
void main()
{
int i;
for(i=1;i<=3;i++)
printf("%d\n",i);
}
```

三、for 循环的几种变形

1. 表达式 1 省略

说明：表达式 1 是实现循环变量赋初值的功能，省略时需要在 for 循环前赋值（注意：省略表达式 1，其后的分号不可省略）。

```
for(i=1;i<=3;i++)
printf("%d",i);
```

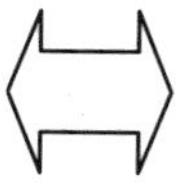

```
i=1;
for(;i<=3;i++)
printf("%d",i);
```

2. 表达式 2 省略

说明：表达式 2 是控制循环条件的关系表达式，决定循环是否执行，省略条件则默认条件成立，即循环无限执行下去，成为死循环。如：

```
for(i=1; ;i++)
printf("%d",i);
```

```
i=1;
while(1)
{  printf("%d",i);
i++;
}
```

3. 表达式 3 省略

说明：表达式 3 是实现循环变量的增值，省略时可将语句写入到循环体语句里。如：

```
for(i=1; i<=30; )
{  printf("%d",i);
   i++;
}
```

```
i=1;
while(i<=30)
{  printf("%d",i);
i++;
}
```

▌ 实践向导

第一步：分析问题，找出桃子数变化的规律

我们采用递推的方法，先从最后一天的桃子数推出倒数第二天的桃子数，再从倒数第二天的桃子数推出倒数第三天的桃子数……

设第 n 天的桃子为 x_n，那么它是前一天的桃子数的 x_{n-1} 的一半减 1，递推公式为：$x_n=x_{n-1}/2-1$。即：$x_{n-1}=(x_n+1)×2$，也就是前一天的桃子数等于后一天桃子数加 1 的 2 倍。此时前一天成为新的后一天，再通过该公式推导出新的前一天桃子数量，一直到推导出第一天小猴子摘到桃子的数量为止。

提示

注意前一天的桃子数和后一天的桃子数之间的关系变化。

第二步：定义变量

int day,x1,x2;

其中 day 表示天数，x1 表示前一天的桃子数，x2 表示后一天的桃子数。

第三步：确定循环次数

由于最后一天的桃子数量是已知的，不需要经过循环递推，所以整个循环次数共为 9 次。

想一想

循环次数为什么不是 10 次。

/*前一天是后一天的桃子数加 1 的 2 倍*/

/*前一天成为后一天*/

参考程序：（P5-4-1.c）

```
#include<stdio.h>
void main( )
{
```

```
int day,x1,x2=1;
for(day=9;day>0;day--)
{
x1=(x2+1)*2;
x2=x1;
}
printf("第一天的桃子数是：%d",x1);
}
```

小试牛刀

1．完善程序，以下程序要求找出三位数的水仙花数。所谓水仙花数是指个位、十位、百位数的立方和与该数相等，如 153（P5-4-1.c）。

```
    #include<stdio.h>
void main( )
{
int a,b,c;
int i;
for(i=100;_____;i++)
  {
a=i%10;
_____;
c=i/100;
if(a*a*a+b*b*b+c*c*c==i)
    printf("%d\n",i);
  }
}
```

2．用 for 循环求 100 以内能被 3 整除的数（P5-4-2.c）。

3．用 for 循环求 100 到 200 之间能同时被 3 和 5 整除的数（P5-4-3.c）。

任务五 break，continue 语句

学习目标

1．理解 break、continue 的使用范围；
2．掌握 break、continue 的含义；
3．熟练运用 break、continue 解决实际问题。

任务下达

中秋节到了，小明的班级搞了一台中秋晚会，为了使晚会更加热闹，作为新任班长的小明想设计一个猜数字游戏，猜中的同学将会获得一份惊喜。由系统随机生成一个数，让同学们猜，每位同学最多有 5 次机会，如果猜中则结束游戏，否则给出相应的提示：如给出的数大于系统生成的数则显示大，如果小于则显示小了。请大家一起帮帮小明解决这个问题吧。

▌▌知识链接

一、break 语句

break 语句：前面介绍 break 语句是跳出 switch 分支结构，执行分支下面的语句。它在循环语句中使用，可使程序跳出当前循环结构，执行循环后面的语句。即根据程序的目的，满足一定条件时立即终止循环，继续执行循环体后面的语句。

M5-5-1.c break 语句应用:

```
#include<stdio.h>
void main()
{
int i,s;
for(i=1,s=0;i<=13;i+=3)
  {
 printf("%d\n",i);
    s+=i;
    if(s>5) break;
  }
  printf("%d, %d\n",s,i);
}
```

当 s>5 时，执行 break 语句，程序立即终止 for 循环，并转向 for 循环后面的语句，即执行 printf("%d, %d\n",s,i)。

二、continue 语句

continue 语句：其作用是结束本次循环，执行下一次循环控制条件的判断。与 break 的区别在于它并非跳出整个循环，只是结束本次循环中 continue 下面的循环语句。

M5-5-2.c continue 语句应用

```
#include<stdio.h>
void main()
{
  int i,s;
  for(i=1, s=0;i<=13;i+=3)
  {
  printf("%d\n",i);
  s+=i;
  if(s>5) continue;
  }
  printf("%d, %d\n",s,i);
}
```

当 s>5 时，执行 continue 语句，程序立即终止本次循环，继续执行下次循环。

💡提示

break 和 continue 的区别：continue 只是结束本次循环，并不结束整个循环，而 break 语句则结束整个循环。

▌▌实践向导

第一步：分析问题，确定解题思路

【随机数生成】

本题中的数字是由系统随机生成的，因此需要用到一个随机函数 rand()。0~99 之间的随机数的表示方法为 rand()%100。

提示

rand()表示产生 0～RAND_MAX 之间的随机数。

【参与同学的机会控制】

用循环控制参与同学的机会：参加游戏的同学每个人只有 5 次机会，如果这 5 次机会用完了还没猜中，只能遗憾退场了。

【猜数情况判断】

每次猜完须立即对猜数情况进行判断，这里则需要用到分支结构：

猜对了：屏幕显示恭喜，且没有必要继续猜下去，因而需跳出循环，因此需要用 break 来实现；

猜不对：猜不对也有两种情况，分别是猜得太大了和太小了，须分别给出相应提示。

参考程序：（P5-5-1.c）

```
#include<stdio.h>
#include<math.h>
void main( )
{
 int x,y,I;
 x=rand()%100;                      /*产生 0～99 之间的随机数*/
printf("该数字在 0～99 之间！");
for(i=1;i<=5;i++)
{                                   /*控制参与者的机会*/
scanf("%d",&y) ;
if(y==x)
{
printf("恭喜你，猜中了！") ;
break ;                             /*猜对了，显示恭喜，并且跳出循环*/
}
else
{
if(y>x)
printf(« 大了！ ») ;                /*猜错了，给出相应提示*/
else
printf(« 小了 ») ;
}
}
}
```

▌▌ 小试牛刀

1. 阅读程序，给出程序的运行结果（P5-5-2.c）。
```
#include <stdio.h>
void main( )
{
```

```
int i,  s=2;
for(i=1;i<=11;i+=3)
{
 printf("%d\n",i);
 s+=i;
if(s>=10) break;
}
printf("%d, %d\n",s,i);
}
```

程序的运行结果为＿＿＿＿＿＿＿

 想一想

此处 break 变成 continue 程序运行的结果？

2. 阅读程序，给出程序的运行结果（P5-5-3.c）。

```
#include<stdio.h>
void main()
{
 int i;
 for(i=100;i<=110;i++)
 {
  if(i%5==0)
  {
     printf("\n");
     continue;
  }
  printf("%5d",i);
 }
 printf("\n");
}
```

程序的运行结果为＿＿＿＿＿＿＿

3. 输出 200~300 以内不能被 9 整除的数（P5-5-4.c）。

4. 求出 100 以内的素数（P5-5-5.c）。

任务六　循环嵌套

学习目标

1. 理解 break、continue 语句在嵌套中使用的特点；
2. 掌握循环嵌套执行过程。

任务下达

某亚洲巨星要来本市开演唱会啦！

场馆：奥体中心体育场

演出时间：2012 年 12 月 20 日 19：00

票价：A 区 880、B 区 680、C 区 480、D 区 280、E 区 180、看台票 80。

　　某公司将全力支持本次演唱会，欲花费 3 万元购买 100 张门票，由于购买的时间较晚，A 区、B 区和看台票已经售完，请问总共有多少种购票方案呢？

知识链接

　　在一个循环结构体内又出现了另一个循环结构，这就是循环嵌套，也称之为多重循环。所谓嵌套就是一个循环结构包含另一个循环结构，即循环结构之间存在包含与被包含的层级关系，通常，我们把内部被包含的循环称为内循环，外部包含的循环称为外循环。

　　C 语言的三种循环语句都可以嵌套，既可以自身嵌套，也可以相互嵌套，比如 while 语句可以出现在 for 语句里，for 语句也可以出现在 do…while 语句里，等等。循环嵌套的层级没有限制，可以出现多重循环。

　　M5-6-1 用循环的嵌套输出如下图形：

```
        *
       ***
      *****
     *******
    *********
   ***********
```

```c
#include<stdio.h>
void main()
{
    int  Col,Row;
    for(Row=1;Row<=6;Row++)
    {
       for(Col=1;Col<=2*Row-1;Col++)
            printf("*");
        printf("\n");
    }
}
```

 提示

Row 表示对行的控制，Col 表示对列的控制，即对每行*号字符个数的控制。

　提示

本例的关键在于弄清 Col 与 Row 的关系。

整个程序由两重循环构成：

　　关于循环变量 Row 的 for 循环构成外循环，控制要打印*号的行数，由图可知总共要打印 6 行*号，因此外循环设置为：for(Row=1;Row<=6;Row++)。

　　关于循环变量 Col 的 for 循环构成内循环，控制每行要打印的*号的列数（个数）。为此必须要知道每行的列数和行号之间的关系，由图可知每行*号的列数 Col=2*Row-1。于是内循环设置为：for(Col=1;Col<=2*Row-1;Col++)。

实践向导

　　本任务用 3 万元购买 100 张门票，是循环嵌套的一种典型应用。用循环嵌套的方法可以对所有出现的情况进行测试，从中找出复合条件的所有结果。

第一步：定义变量，根据题意列出数学方程组

对于本次任务来讲，可以设 int 变量 c，d，e 分别表示将要购入的 C 区、D 区以及 E 区的门票的张数。

由题目可列出方程组：

$$\begin{cases} c+d+e=100(\text{总共要买 100 张门票}) \\ c*480+d*280+e*180=30000(\text{购买门票的金额为 3 万元}) \end{cases}$$

 提示

由于购买的时间较晚，A 区、B 区和看台票已经售完，因此可供选择的范围只剩下 C 区、D 区以及 E 区的门票了。

第二步：分析各区门票购买的范围

由题意可知 C 区的门票购买范围 c 在[0，62]之间，D 区的范围 d 在[0，107]之间，那么 e 就只能是 100-c-d 了。

第三步：根据分析的购票范围修改以上方程

$$\begin{cases} e=100-c-d \\ c*480+d*280+(100-c-d)*180=30000 \end{cases}$$

也就是说所有满足上述方程的方案都是满足本任务要求的，因此我们可以用嵌套循环把所有可能性穷举出来。

参考程序：（P5-6-1.c）

```
#include<stdio.h>
void main()
{
int c,d,e;
for(c=0;c<=62;c++)
for(d=0;d<=107;d++)
{
e=100-c-d;
if(c*480+d*280+(100-c-d) *180==30000)
printf("C区%d张, D区%d张, E区%d张\n",c,d,e);
}
}
```

想一想

本题还有其他解法吗？

小试牛刀

1. 阅读程序，给出程序的运行结果（P5-6-2.c）

```
# include  <stdio.h>
void main( )
{
 int i, j;
for(i=1;i<3;i++)
```

```
for(j=1;j<=3;j++)
printf("%d,%d\n",i,j);
printf("%d,%d\n",i,j);
}
```

程序的运行结果为＿＿＿＿＿＿＿＿

2. 打印九九乘法表（P5-6-3.c）。

项目小结

在实施项目过程中，我们学习了循环的相关知识。

一、涉及的知识

1. 知道循环结构的三种语句；
2. 理解三种循环语句的执行过程；
3. 掌握 break 和 continue 语句的用法；
4. 理解并掌握循环嵌套的含义。

二、掌握的技能

1. 能够用三种循环语句解决循环问题；
2. 能够按要求用 break 和 continue 语句跳出程序；
3. 熟练使用循环嵌套。

挑战自我

中国古代数学家张丘建在他的《算经》中提出了一个著名的"百钱买百鸡问题"，鸡翁一，值钱五，鸡母一，值钱三，鸡雏三，值钱一，百钱买百鸡，问翁、母、雏各几何？也就是说公鸡一只五块钱，母鸡一只三块钱，小鸡三只一块钱，问一百块钱可以买多少只鸡？（P5-7-1.c）

项目评价

1. 根据本项目各个任务及其"小试牛刀"、"挑战自我"等完成情况，其难易感觉是：

任　务	☺	☺	☹
任务一（认识循环结构）			
任务二（while 循环语句）			

任务三（do…while 循环语句）			
任务四（for 循环语句）			
任务五（break 语句和 continue 语句）			

续表

任　　务	☺	☺	☹
任务六（循环的嵌套）			
挑战自我			
统计结果（单位：次）			

2．根据本项目各个任务的完成情况，对照"观察点"列举的内容，进行自评或互评。"观察点"内容可视实际情况在教师引导下拓展。

观　察　点	☺	☺	☹
说出循环结构常用的三种语句			
准确描述出三种循环语句的执行过程，并能绘制流程图			
知道 while 语句和 do…while 语句的区别和联系			
能够区分 break 和 continue 语句，并在适合的场合使用			
知道循环嵌套的形式			
利用循环嵌套解决部分问题			
统计结果（单位：次）			

3．根据本项目完成过程中，对照小组合作情况，进行自评或互评。"观察点"内容可视实际情况在教师引导下拓展。

观　察　点	☺	☺	☹
学习态度：态度端正，积极参与，自然大方			
交流发言：语言精心组织，表达清晰有序，声音洪亮			
回答问题：能够随机应变，正确回答提问			
团队合作：小组成员积极参与，相互帮助，配合默契			
任务分配：小组成员都在任务完成中扮演重要角色			
任务完成：通过小组努力，共同探究，较好完成任务			
个人表现：在任务实施过程中努力为小组完成任务积极探索			
统计结果（单位：次）			

项目六 四进三，谁被淘汰——数组

项目引言

在生活中有很多晋级类活动，如屡创收视率奇迹的中国达人秀、超级女声、快男快女……、这些晋级类活动中都涉及数据统计和数据排序。而之前学习的变量对于这些较多数据的同时处理显得有些力不从心，本项目将给大家介绍另一种数据存储结构——数组。

项目案例

某大型真人秀活动经过多轮淘汰赛进入最后的"四进三"角逐，假定四位选手得分情况如下：

选手 评委	选手一	选手二	选手三	选手四
A	9.2	9.6	8.8	9.6
B	8.8	9.8	9	8.5
C	9.8	9.8	9.5	9.5
D	9.5	9.8	9.6	9.6
E	9.5	9.5	9	9

（1）显示四位选手的最后得分（5 位评委的平均分）。
（2）输出最低成绩的选手得分。
本项目主要内容有：
◇ 任务一：认识一维数组
◇ 任务二：一维数组的应用
◇ 任务三：认识二维数组
◇ 任务四：二维数组的应用

任务一 认识一维数组

学习目标

1. 理解数组的存储方式；
2. 熟悉一维数组的定义和初始化；
3. 熟悉一维数组的引用。

任务下达

某校举行十佳歌手比赛，共有 8 位评委参与打分，采用百分制，评分标准如下：

◇　感觉：包含感情，能否生动地演绎歌曲的意境（20 分）

◇　技巧：包含跟拍子，音准，用气，咬字，音色（占 40 分）

◇　台风：现场举止，感染力，对歌曲演绎的投入程度（占 20 分）

◇　形象：包含衣着，打扮（占 10 分）

◇　选曲：所选曲目的长度，难度，高音度，低音度（占 10 分)

编写程序，依次输出 8 位评委的分值。

知识链接

8 个成绩可以定义 8 个变量来分别记录，如 int a,b,c,d,e,f,g,h;可以看出较为麻烦，如果记录 100 个成绩则实现更加困难。

在程序设计中，变量是在计算机内存中申请一个存储位置存放一个数据。如果要存放一组数据，单个变量则无法实现。为了处理方便，把具有相同类型的若干变量有序地组织起来，这些按序排列的同类数据元素的集合称为数组，也就是说数组是由多个同一类型的数组元素组成的。根据定义的类型数组可分为数值数组、字符数组等各种类别。根据数组的结构不同，数组可以分为一维数组、二维数组或者多维数组。

一、一维数组的定义

一般格式为：

类型标识符　数组名[常量表达式]；　　　数组 a 的起始地址

例如：　float　a[4];

数组的定义注意事项：

（1）类型标识符是指数组元素的取值类型。对于同一个数组，所有元素的数据类型都是相同的。

（2）数组名的命名规则与变量名相同，应符合标识符的书写规则。

（3）数组名不能与其他变量名相同，例如：

```
void main( )
   {
      float b;      错误
      int b[10];
      ……
   }
```

（4）方括号中的常量表达式表示数组元素的个数，如 a[4]表示数组 a 有 4 个元素。但是其下标从 0 开始计算。因此 4 个元素分别为 a[0]，a[1]，a[2]，a[3]，注意没有 a[4]。

（5）不能在方括号中用变量来表示元素的个数，但是可以是符号常数或常量表达式。如：

```
void main( )
   {
       int n=5;
     int a[n];      错误
      ……
   }
```

```
# define N 5
void main( )
    {
      int a[N];        正确
      ......
    }
```

二、一维数组元素的引用

数组名[下标]

如 a[3],b[4]。

数组的引用注意事项：

（1）数组必须先定义后引用；

（2）数组下标从 0 开始，a[3]表示数组 a 的第四个元素，b[4]表示数组 b 的第五个元素；

（3）下标只能为整型常量或整型表达式。如 b[4]，b[4+2]，b[i+j]等均可，注意与数组定义的区别；

（4）在 C 语言中只能逐个地使用下标变量，而不能一次引用整个数组。如输出 5 个元素的数组必须使用循环语句通过改变下标变量逐个输出各输出数组元素：

```
for(i=0; i<5; i++)
    printf("%d",a[i]);
```

而不能一次直接输出整个数组，如：

```
printf("%d",a);书写错误
```

三、数组的初始化

一般形式为：

```
类型标识符  数组名[常量表达式]={元素值表列};
```

如：int age[3]={16,17,18};

float price[8]={3.2,4.5};

int a[]={3,2,6,9};

数组的初始化注意事项：

（1）元素值表列可以是数组所有元素的初值，也可以是前面部分元素的初值，没有赋值的元素默认值为 0。

例如：int a[8]={0,1,2,3};表示只给 a[0]～a[3]4 个元素赋初值，而后 4 个元素自动赋值为 0。

（2）当对全部数组元素赋初值时，元素个数可以省略。但"[ ]"不能省略。此时系统将根据数组初始化时大括号内值的个数，决定该数组的元素个数。

（3）只能给元素逐个赋值，不能给数组整体赋值。

例如，给 6 个元素全部赋 2 值，只能写为：

int a[6]={2,2,2,2,2,2};而不能写为：int a[6]=2;

（4）注意：数组初始化的赋值方式只能用于数组的定义，定义之后再赋值只能一个元素一个元素地赋值。

四、数组的赋值

数组元素除了赋初值之外，还可通过输入语句或直接赋值等方式。如：

```
int a[10];
for(i=0;i<10;i++)
scanf("%d",&a[i]);
a[3]=12;
a[5]=a[1]+a[2];
……
```

💡提示

因数组元素下标从 0 开始，故循环从 0～9，完成 10 个元素的赋值。

实践向导

第一步：分析任务，判断数组类型及元素的个数；

第二步：定义数组；

第三步：数组赋值；

第四步：输出数组各元素的值。

参考程序（P6-1-1.c）：

```
# include "stdio.h"
void main( )
{
int i; int cj[8];
for(i=0;i<8;i++)
{  printf("请输入第%d位评委打分：", i+1);
scanf("%d", &cj[i]);
}
for(i=0;i<8;i++)
printf("第%d位评委打分为%d\n", i+1,cj[i]);
}
```

🔒想一想

（1）此处为何小于 8?

（2）程序还可以如何修改?

小试牛刀

1. 判断程序的运行结果（P6-1-2.c）

```
# include "stdio.h"
void main( )
{
  int  i, price[6];
  for(i=0;i<6;i++)
    scanf("%d", &price [i]);
 for(i=0;i<6;i=i+2)
   printf("%d \n", price [i]);
   }
```

假设输入 6 个数分别为 12，34，2，13，45，88。讨论输出结果。

2. 物价部门为了了解物价波动情况，需要跟踪统计 15 件大宗商品的价格。请你记录一次统计结果并输出。（P6-1-3.c）

3．判断程序的运行结果（P6-1-4.c）

```c
# include "stdio.h"
void main( )
{
    int n, kg[3]={1,2,3};
    float money[5]={12.1,58.5};
    float price[ ]={2.5,5.8,7.3,11.8};
    money[4]=108;
    for (n=0;n<3;n++)
        printf("%5d", kg [n]);
    printf("\n");
    for (n=0;n<5;n++)
        printf("%5.2f ", money [n]);
    printf("\n");
    for (n=0;n<4;n++)
        printf("%5.2f", price [n]);
    printf("\n");
}
```

任务二　一维数组的应用

▍▍学习目标

1．理解数组的存储方式；
2．掌握一维数组的定义和赋值；
3．熟悉一维数组的应用。

▍▍任务下达

国内某选秀活动在南京地区海选，共有 6 位评委，评分标准采用十分制，精确到小数点后一位。编写程序实现：

（1）按照从低到高的顺序依次显示 6 位评委打分。

（2）显示选手的最后得分（比赛规定：选手的最终得分为去掉一个最高分和一个最低分，计算余下 4 位评委的平均分）。

▍▍知识链接

数据排序是数组中经常遇见的问题，排序有很多种方法，常用的有四种：顺序比较排序、冒泡排序、选择排序、插入排序。下面我们就对冒泡排序进行分析，以便大家能够更好地理解和应用。

一、冒泡排序

1．冒泡排序的基本思想

对于 m 个数进行排序（现假定是从小到大排序），将相邻两个数依次比较，将小数调在前头：如第一个数和第二个数比较，小数放在前，大数放在后，第二个和第三个进行比较，小数放在前、大数放在后，然后依次类推。经过第一轮比较以后，我们找到一个最大数在最下面（沉底）。然后进行下一轮比较，最后一个数就不用再参加比较了，所以本轮就可以少比较一次。

如下图所示：

第一轮：（如下图所示）

第 1 次：a[0]与 a[1]比较，4 放前，6 放后；

第 2 次：a[1]与 a[2]比较，5 放前，6 放后；

第 3 次：a[2]与 a[3]比较，2 放前，6 放后。

第一轮结束后，最大数 6 沉底。

	第1次	第2次	第3次	结果
a[0]	6	4	4	4
a[1]	4	6	5	5
a[2]	5	5	6	2
a[3]	2	2	2	6

🔒**想一想**

（1）什么条件下进行数据交换？

（2）为何此处比较次数少 1 次？

（3）实现四个数据的排序，总共要进行几轮比较？

（4）实现 n 个数排序，需要进行几轮比较？每一轮分别要比较几次？

第二轮：（如下图所示）

第 1 次：a[0]与 a[1]比较，4 放前，5 放后；

第 2 次：a[1]与 a[2]比较，2 放前，5 放后。

第二轮结束后，次最大数 5 沉底。

	第1次	第2次	结果
a[0]	4	4	4
a[1]	5	5	2
a[2]	2	2	5
a[3]	6	6	6

第三轮：（如下图所示）

第 1 次：a[0]与 a[1]比较，2 放前，4 放后。

第三轮结束后，实现四个数从小到大排序。

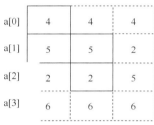

	第1次	结果
a[0]	4	2
a[1]	2	4
a[2]	5	5
a[3]	6	6

2. 冒泡排序的程序代码

假定 n 个数从小到大排序

```
for (i=0;i<n-1;i++)
  for (j=0;j<n-1-i;j++)
    if (a(j)>a(j+1))
```

```
    { t=a(j);  a(j)= a(j+1);  a(j+1)=t; }
```

想一想

若要从大到小排序，程序该如何修改？

冒泡排序注意事项：

（1）对于 n 个数排序，只要进行 n-1 轮比较（注：外循环 for（i=0；i<n-1；i++））；

（2）比较的对象是相邻两数（注：if（a（j）>a（j+1）））；

（3）第 i 轮比较，只要进行 n-1-i 次比较（注：内循环 for（j=0；j<n-1-i；j++））

实践向导

第一步：分析任务，判断数组类型及元素的个数

第二步：定义数组

第三步：数组赋值

第四步：数据排序

第五步：显示选手的最后得分（比赛规定：选手的最终得分为去掉一个最高分和一个最低分，计算余下 4 位评委的平均分）

参考程序（P6-2-1.c）：

```
# include "stdio.h"
void main( )
{
  int i, j; float cj[6], pj=0, sum=0, t;
  for(i=0;i<6;i++)
    scanf("%f", &cj[i]);
  for (i=0;i<5;i++)
    for (j=0;j<5-i;j++)
    if (cj(j)>cj(j+1))
    { t=cj(j);  cj(j)= cj(j+1);  cj(j+1)=t; }
  for(i=0;i<6;i++)
    {
    printf("第%d 位评委打分为:%f\n", i+1,cj[i]);
    sum+= cj[i]
    }
  pj=sum- cj[0]- cj[5];
  printf("选手最后得分为:%f\n", pj/5);
}
```

想一想

（1）此处为何小于 6？

（2）程序还可以如何修改？

小试牛刀

1. 判断程序运行结果（P6-2-2.c）
```
# include "stdio.h"
void main( )
{
```

```
    int  a,b,c,i;
    int x[ ]={-3,11,3,0,-8,-52,34,49,-97};
    a=b=c=0;
    for(i=0;i<9;i++)
        if (a[i]>0)
        a++;
        else if (a[i]==0)
        b++;
        else
        c++;
    printf("%d , %d , %d \n", a,b,c);
}
```

程序的运行结果为_____

2. 十个手指头各有所长，而英国的一项研究结果表明，无名指比食指长的女性，更具运动天分。求十个手指头的平均长度，并输出最长手指头和最短手指头的长度。（P6-2-3.c）

3. 填写程序：由键盘输入一个待查整数 x，若 x 存在，则输出它所在数组的位置，否则输出"没有找到信息！"提示（P6-2-4.c）

```
# include "stdio.h"
void main( )
{
    int i, x;
    int a[ ]={2,5, 8,7,3,11,9};
    _____(1)_____
    i=0;
    while (a[i]!=x || i<7)
        _____(2)_____;
    if ( ___(3)___ )
        printf("%d not found! ", k);
    else
        printf("%d in position %d\n", k,i);
}
```

4. 将无序的数列 3,6,1,4,9,21 按升序排列。将现有数据 8 插入到排好的数组中，要求保持数据的有序性。（P6-2-5.c）

任务三 认识二维数组

▍▍学习目标

1. 理解二维数组的存储方式；
2. 熟悉二维数组的定义和初始化；
3. 熟悉二维数组的引用。

▍▍任务下达

某电视台开设"超市巧购"栏目，活动方案如下：

（1）比赛阵容每轮 5 人，各自挑选商品；

（2）每人挑选 10 件不同商品，总价值不超过 100 元；

（3）限定比赛时间为 90 秒。

最后，在有效时间内选购 10 件商品最接近 100 元者获胜。

假设 5 位选手都挑选了 10 件商品，输出每位选手各种商品的价值。

▌ 知识链接

前面介绍的数组只有一个下标，称为一维数组，在解决实际问题中可能会需要二维或多维，多维数组元素即有多个下标，以标识它在数组中的不同位置。

一、二维数组的定义

一般形式为：

类型标识符　数组名[元素个数 1][元素个数 2];

例如： int　a[2][3];

二维数组常称为矩阵，定义中**[元素个数 1]**代表行数，**[元素个数 2]**代表列数。上面定义了 2 行 3 列的二维数组，因为数组元素下标从 0 开始，故数组元素为：a[0][0], a[0][1], a[0][2], a[1][0]，a[1][1]，a[1][2]。

二维数组的存储方式可有两种：一种是按列排列，即放完一列之后再顺次放入第二列；另一种是按行排列，即放完一行之后顺次放入第二行。在 C 语言中，二维数组是按行排列的。

a[0]	a[0][0]	a[0][1]	a[0][2]
a[1]	a[1][0]	a[1][1]	a[1][2]

二、多维数组的定义

一般形式为：

类型标识符　n 维数组名[元素个数 1][元素个数 2]...[元素个数 n];

例如： int　a[2][3][4];

n 维数组就有 n 个 "[元素个数]"，上面定义了一个 2×3×4（共 24 个元素）的 3 维数组。数组元素为：a[0][0][0], a[0][0][1], a[0][0][2], a[0][0][3], a[0][1][0], a[0][1][1], a[0][1][2], a[0][1][3]……a[1][2][0]，a[1][2][1]，a[1][2][2]，a[1][2][3]。

三、二维数组元素的引用

一般形式为：

数组名[下标 1][下标 2]

如：a[3][4]表示二维数组 a 的第 4 行第 5 列元素。

注意：对于定义数组 int a[3][4]本身并不包含数组元素 a[3][4]，其下标值最大为 a[2][3]。引用注意事项参照一维数组。

四、二维数组的初始化

类型标识符　数组名[下标 1][下标 2]={元素值表列};

1．分行给二维数组赋初值

第一个花括号内数据赋值给第一行数组元素，第二个花括号内数据赋值给第二行数组元素，……

如：int a [2][3]={{16,17,18}，{11,12,13}};

结果为：

16	17	18
11	12	13

2．依次给数组元素赋初值

所有数据写在一个花括号内，按数组元素在内存中的排列顺序对各元素赋初值。

如：int a [2][3]={16,17,18,11,12,13};

结果同上。

3．部分元素赋初值

未赋值元素值自动为0。

如：int a [2][3]={{16,17}，{11,12,13}};

结果为：

16	17	0
11	12	13

4．缺省下标赋初值

若对于数组所有元素赋初值，定义数组时第1维长度可以不指定，系统会根据数据总个数自动计算出下标值。但仅限第1维，其他不能缺省。

如：int a [ ][3]= {16,17,18,11,12,13,1,2,3};

结果为：

16	17	18
11	12	13
1	2	3

也可给部分元素赋初值，但要分行赋初值。

如：如：int a [ ][3]={{16},{11,12,13},{ },{0,2,3}};

结果为：

16	0	0
11	12	13
0	0	0
0	2	3

五、二维数组的赋值

二维数组元素除了赋初值之外，还可通过输入语句或直接赋值等方式。如：

```
int a[10][5];
   for(i=0;i<10;i++)
     for(j=0;i<5;j++)
       scanf("%d",&a[i][j]);
```

```
a[3][4]=12;
a[2][2]=a[2][0]+a[2][1];
```

实践向导

第一步：分析任务，判断数组类型及元素的个数
第二步：定义数组
第三步：数组赋值
第四步：输出数组各元素的值
参考程序（P6-3-1.c）：

```
# include "stdio.h"
void main( )
{
  int i,j;
  float price[5][10];
  for(i=0; i<5; i++)
    for(j=0; j<10; j++)
      scanf("%f", & price[i][j]);
    for(i=0; i<5; i++)
    {
    for(j=0; j<10; j++)
      printf("%5f", price[i][j]);
    printf("\n");
    }
}
```

想一想

（1）此处如何实现二维数组的赋值？
（2）程序还可以如何修改？

小试牛刀

1. 判断程序的运行结果（P6-3-2.c）

```
# include "stdio.h"
void main( )
{
    int i,j;
    int x[2][3]={13,33,21,37,41,3};
    int y[2][3]={3,62,1,7,21,31};
    int z[2][3];
    for(i=0; i<2; i++)
     for(j=0; j<3; j++)
       z[i][j]= x[i][j]+ y[i][j]
    for(i=0; i<2; i++)
    {
      for(j=0; j<3; j++)
        printf("%5d", z[i][j]);
      printf("\n");
    }
}
```

```
    }
```
该程序的运行结果为_____

2. 某 IT 杂志对八款同价位不同品牌平板电脑做性能比对测试，假设成绩以百分制统计，记录连续五次测试成绩并输出。（P6-3-3.c）

3. 判断程序的运行结果（P6-3-4.c）

```c
# include "stdio.h"
void main( )
{
    int i,j;
    int a[2][3]={13,33,21,37,41,3};
    int b[3][2];
    for(i=0; i<2; i++)
      for(j=0; j<3; j++)
        b[j][i]= a[i][j]*2-5;
    for(i=0; i<3; i++)
    {
      for(j=0; j<2; j++)
        printf("%5d", b[i][j]);
      printf("\n");
    }
}
```

该程序的运行结果为_____

4. 某四口之家 2011 年各项开支统计如下：

项目 月份	餐饮费（元）	水电费（元）	通信费（元）	交通费（元）
一月	1680	148	378	1160
二月	4800	202	512	1560
三月	1565	125	374	1030
四月	1493	92	361	980
五月	1487	74	358	1020
六月	1722	89	362	1130
七月	1832	162	401	1210
八月	1997	183	395	1320
九月	1869	112	426	1170
十月	1541	86	436	1110
十一月	1720	80	412	930
十二月	1678	118	399	1240

输出该家庭每月各项支出费用，并计算 2011 年度各项开支总和。（P6-3-5.c）

任务四 二维数组的应用

学习目标

1. 理解数组的存储方式；

2．掌握二维数组的定义和赋值；

3．熟悉二维数组的应用。

任务下达

某大型真人秀活动经过多轮淘汰赛进入最后的"四进三"角逐，假定四位选手得分情况如下：

评委　选手	选手一	选手二	选手三	选手四
A	9.2	9.6	8.8	9.6
B	8.8	9.8	9	8.5
C	9.8	9.8	9.5	9.5
D	9.5	9.8	9.6	9.6
E	9.5	9.5	9	9

（1）显示四位选手的最后得分（5 位评委的平均分）

（2）输出最低成绩的选手得分。

知识链接

在二维数组中也经常会出现数据排序、最值等问题，其解决办法与一维数组类似，所不同点在于多了一层循环。但要特别注意有些情况需要清零设置。

M6-4-1：输出 2 个班级学生 C 语言成绩最高的得分。

```
int a[2][30],max=0;
for(i=0;i<2;i++)
  for(j=0;j<30;j++)
    scanf("%d",&a[i][j]);
for(i=0;i<2;i++)
  for(j=0;j<30;j++)
    if(max<a[i][j])  max=a[i][j];
printf ("最高成绩为：%d",max);
```

若改成输出每个班级 C 语言成绩最高得分，程序应修改成：

```
int a[2][30], max;
for(i=0;i<2;i++)
  for(j=0;j<30;j++)
    scanf("%d",&a[i][j]);
for(i=0;i<2;i++)
{ max=0;         /*清零设置*/
  for(j=0;j<30;j++)
    if(max<a[i][j])  max=a[i][j];
  printf("最高成绩为：%d",max) ;
}
```

注意在每一轮比较开始设置初始值。

想一想

为什么要清零？

M6-4-2：已知某班学生语、数、外成绩，求和并输出最高得分。

```
int a[3][30], b[30], max=0;
 for(i=0;i<3;i++)
  for(j=0;j<30;j++)
    {  scanf("%d",&a[i][j]);
       b[i]+=a[i][j];
    }
 for(i=0;i<30;i++)
   if(max<b[i])  max=b[i];
 printf("最高成绩为：%d",max) ;
}
```

若要从高到低输出学生总分，程序该如何修改？

实践向导

第一步：分析任务，判断数组类型及元素的个数；
第二步：定义数组；
第三步：数组赋值；
第四步：计算四位选手的最后得分；
第五步：输出成绩最低的选手得分。
参考程序（P6-4-1.c）：

```
# include "stdio.h"
void main( )
 {  float a[4][5], b[4], min;
 for(i=0;i<4;i++)
   for(j=0;j<5;j++)
   {  scanf("%f",&a[i][j]);
      b[i]+=a[i][j];
   }
min=b[0];
for(i=0;i<4;i++)
{  printf("选手i+1成绩为：%d",b[i]) ;
if(min>b[i])  min=b[i];
}
printf("最低成绩为：%d",min) ;
}
```

想一想

1. 此处为何 min=b[0]？
2. 程序还可以如何修改？

小试牛刀

1. 如图有一个 5×4 的矩阵。（P6-4-2.c）
（1）编程输出该数组元素的值。
（2）输出每一列的最大值。

1	4	2	3
17	20	18	19
5	8	6	7
9	12	10	11
13	16	14	15

2．某计算机专业有 48 名学生，已知期末考试中 C 语言、网络技术、平面设计三门课程成绩。（P6-4-3.c）

（1）输出班级平均分。

（2）按照从高到低的顺序输出所有成绩。

3．将：二维数组 a 的行与列的元素互换，存到二维数组 b 中。（P6-4-5.c）

例如：

数组 a：

1	2	3	4
5	6	7	8
9	10	11	12

4．如图有一个 4×4 的矩阵。（**P6-4-2.c**）

（1）编程输出该数组元素的值。

（2）找出两条对角线上元素的最小值。

1	2	3	4
5	6	7	8
9	10	11	12
13	14	15	16

▌ 项目小结

本项目我们学习了 C 程序数组的定义、初始化、引用等有关内容，由四个任务依次展开，项目要求如下：

一、涉及的知识

（1）理解数组的存储方式；

（2）理解一维数组与多维数组的联系与区别；

（3）理解数组的应用。

二、掌握的技能

（1）会数组的定义和初始化；

（2）掌握数组元素的引用；

（3）掌握数组元素的排序、查找、移动、插入、删除、复制（详见专题内容）；

（4）掌握矩阵的运算、旋转。

挑战自我

以下程序为输出杨辉三角形（要求输出行数由键盘输入）。请读者实践。

```
# include "stdio.h"
void main( )
{
    int i,j,n=0,a[10][10]={0};
    printf("请输入一个小于 10 的整数:\n");
      while(n>9||n<1)
          scanf("%d",&n);
    for(i=0;i<n;i++)
    {   a[i][0]=1;
        a[i][i]= 1;
    }
    for(i=2;i<n;i++)
    for(j=1;j<i;j++)
      a[i][j]= a[i-1][j-1]+a[i-1][j] ;
    for(i=0;i<n;i++)
      {
    for(j=0;j<=i;j++)
        printf("%3d",a[i][j]);
    printf("\n");
      }
}
```

```
程序运行时，输入:
6 ↙
结果如下:
    1
    1   1
    1   2   1
    1   3   3   1
    1   4   6   4   1
    1   5  10  10   5   1
```

项目评价

1. 根据本项目各个任务及其"小试牛刀"、"挑战自我"等完成情况，其难易感觉是:

任　务	☺	☺	☹
任务一：认识一维数组			
任务二：一维数组的应用			
任务三：认识二维数组			
任务四：二维数组的应用			
挑战自我			
统计结果（单位：次）			

2. 根据本项目各个任务的完成情况，对照"观察点"列举的内容，进行自评或互评。"观察点"内容可视实际情况在教师引导下拓展。

观　察　点	☺	☺	☹
理解数组的存储方式			
会数组的定义和初始化			
掌握数组元素的引用			
掌握数组元素的排序			
掌握数组元素的查找、移动、插入、删除、复制			
掌握矩阵的运算、旋转			
统计结果（单位：次）			

3. 根据本项目完成过程中，对照小组合作情况，进行自评或互评。"观察点"内容可视实际情况在教师引导下拓展。

观　察　点	☺	☺	☹
学习态度：态度端正，积极参与，自然大方			
交流发言：语言精心组织，表达清晰有序，声音洪亮			
回答问题：能够随机应变，正确回答提问			
团队合作：小组成员积极参与，相互帮助，配合默契			
任务分配：小组成员都在任务完成中扮演重要角色			
任务完成：通过小组努力，共同探究，较好完成任务			
个人表现：在任务实施过程中努力为小组完成任务积极探索			
统计结果（单位：次）			

项目七 给八戒的礼物——函数

项目引言

函数我们并不陌生。如数学中三角函数 sinA，当我们输入角 A 的值，sinA 就会返回一个对应的值。

C 语言程序设计中，函数是程序的基本构成单元，能方便地实现代码重复使用、程序的模块化。通过函数可以将一个复杂的大程序划分成若干个较小的功能模块，将每个功能模块，写成一个单独的函数，在需要使用时可以反复调用。

函数既能方便程序设计，又能增加程序的可读性、方便程序的修改与调试。

本项目主要内容有：
- ◇ 任务一：认识函数
- ◇ 任务二：函数的调用
- ◇ 任务三：函数的嵌套
- ◇ 任务四：数组函数的调用

任务一 认识函数

学习目标

1. 了解函数的分类和执行过程；
2. 熟悉函数定义的一般形式、函数的声明；
3. 了解形参与实参的关系。

任务下达

圣诞节快到了，计算机专业李易编写了一段程序祝福所有同学，判断程序输出结果（P7-1-1.c）

```
# include "stdio.h"
void main( )
{
void print_info( );              /*声明 print_info 函数*/
void print_other( int m );       /*声明 print_other 函数*/
int x;
scanf("%d",&x);
print_other( x);                 /*调用 print_other 函数*/
print_info( );                   /*调用 print_info 函数*/
print_other( x );                /*调用 print_other 函数*/
}
void print_info( )               /*定义 print_info 函数*/
{
```

```
printf("    Merry Christmas! \n");
}
void print_other( int m )          /*定义 print_other 函数*/
{
int i;
for(i=1;i<=m;i++)
printf(" ~^o^~ ");
printf("\n");
}
```

▌▌知识链接

C源程序是由函数组成的，必须包含一个主函数 main( )。在前面介绍的程序中都只有一个主函数 main( )，但随着函数功能的增加，如果把所有的程序都写在一个主函数中，会使主函数变得非常庞大，不便于程序的阅读和维护。另外，在程序中可能会多次重复使用同一功能（例如判断输出小于 300 或大于 500 的水仙花数），这样就要多次重复编写实现此功能的代码。

在设计一个较大程序时，往往会采用模块化程序设计思路，根据实际需求将程序分成若干个模块，每个模块包含一个或多个函数，每个函数实现一个特定功能。

所以函数是C源程序的基本模块，通过对函数模块的调用实现特定的功能。C语言中的函数相当于其他高级语言的子程序。

二、函数的分类

在C语言中可从不同的角度对函数分类。从函数定义的角度看，函数可分为库函数和用户定义函数两种。

库函数：由C系统提供，用户无须定义，也不必在程序中作类型说明，只需在程序前包含有该函数原型的头文件即可在程序中直接调用。

如输入输出函数 printf、scanf 在使用时需加 # include "stdio.h" 或 # include <stdio.h>；再如数学函数 sin、abs、rand 在使用时需加 # include "math.h" 或 # include <math.h>。

用户自定义函数：由用户按需要写的函数。对于用户自定义函数，不仅要在程序中定义函数本身，而且在主调函数模块中或文件的开头（在所有函数之前）必须对该被调函数进行类型说明，然后才能使用。

三、函数的定义

常见的函数定义的形式如下：
```
类型标识符 函数名(形参类型说明表列)
{
    函数体
}
```

1. 定义无参函数
```
类型标识符 函数名( )
{
    函数体
}
```

或
```
类型标识符 函数名( void )
{
        函数体
}
```
函数定义时函数名后的形参列表为空或 void 表示函数无参数。如任务下达中的 void print_info( )函数。

在定义函数时"类型标示符"指定函数值的类型，即函数返回值的类型。任务下达中的 print_info 和 print_other 函数为 void 类型，表示函数没有返回值。

2．定义有参函数
```
类型标识符 函数名( 形式参数列表 )
{
        函数体
}
```
如任务下达中的 print_other 函数。
```
void print_other( int m )
{
int i;
for(i=1;i<=m;i++)
printf(" ~^o^~ ");
printf("\n");
}
```

3．定义空函数
```
类型标识符 函数名( )
        {    }
```
定义空函数是为了程序后续增加新的功能，对程序结构没有影响。

函数定义的注意事项：

（1）类型标识符：指定函数的类型，即函数返回值（return 语句）的类型，可以理解为函数最终结果的类型。如果函数无返回值时，类型标识符为 void。当函数类型标识符缺省时默认是整型。

（2）函数名：参照 C 语言规定的标识符的命名规则，函数名字必须唯一，不能与形参名或函数体内变量相同。

（3）形参类型说明表列：形参用于接收主调函数实参传递过来的数值。

在调用有参数的函数时，数值由主调函数中的实参传递给被调函数中的形参。

实际参数：简称实参，主调函数中调用函数时函数名后面括号内的变量（如实参 x）。实参可以是常量、变量或表达式。

形式参数：简称形参，定义函数时函数名后面括号内的变量（如形参 m）。

形参与实参只是实现值的传递，并没有实际的关系。形参的命名只要符合变量的命名规则即可，无需与主调函数中的变量名一致。如果函数不需要从主调函数处接收数据，可以不带形参，此时形参类型说明表是空的（如 print_info 函数），但是函数名后面的圆括号不能省略。

M7-1-1：任务下达中的函数调用：

```
print_other( x );          /*主调函数中实参 x*/
print_info( );             /*调用 print_info 函数*/
void print_info( )         /*定义 print_info 函数*/
{
printf("    Merry Christmas! \n");
}
void print_other( int m )  /*被调函数中形参 m*/
{
int i;
for(i=1;i<=m;i++)
printf(" ~^o^~ ");
printf("\n");
}
```

▌▌ 实践向导

第一步：分析程序，判断程序结构

通过观察，发现程序由三个函数组成：

```
void main( )                /*主函数*/
void print_info( );         /*自定义函数*/
void print_other( int m );  /*自定义函数*/
```

程序由主函数开始执行，在主函数中分别调用自定义函数 print_info 和 print_other。

第二步：分析程序执行过程

1. 调用 print_other 函数

```
print_other( x );
```

程序由主函数跳转到被调函数 print_other，同时实参 x 的值传递给形参 m，即 m=x。

```
void print_other( int m )  /*定义 print_other 函数*/
{
int i;
for(i=1;i<=m;i++)
printf(" ~^o^~ ");
printf("\n");
}
```

被调函数 print_other 执行完，返回到主函数继续往下执行。

2. 调用 print_info 函数

```
print_info( );
```

程序由主函数跳转到被调函数 print_info。

```
void print_info( )
{
printf("    Merry Christmas! \n");
}
```

被调函数 print_info 执行完，返回到主函数继续往下执行。

3. 调用 print_other 函数

```
print_other( x );
```

程序由主函数再次跳转到被调函数 print_other，同时实参 x 的值传递给形参 m，即 m=x。

被调函数 print_other 执行完，返回到主函数继续往下执行。程序执行完成。
程序运行结果：（假定 x=3）

```
~^o^~    ~^o^~    ~^o^~
Merry Christmas!
~^o^~    ~^o^~    ~^o^~
```

小试牛刀

1. 判断程序运行结果（：P7-1-2.c）

```
 # include "stdio.h"
void main( )
{
void print_A( );
void print_B( int m );
int x;
scanf("%d",&x);
print_A( x);
print_B( );
print_A( x );
}
void print_B( )
{
printf(" Nothing is impossible! \n");
}
void print_A( int m )
{
int i;
for(i=1;i<=m;i++)
printf(" #$@ ");
printf("\n");
}
```

程序的运行结果为_____

想一想

假设输入 5，判断输出结果。

2. 利用自定义函数输出下列图形（：P7-1-3.c）

```
* * * * * * * * * * * * * * * * * * * * * * * * * *
国际慢城—高淳欢迎您！
* * * * * * * * * * * * * * * * * * * * * * * * * *
```

任务二　函数的调用

学习目标

1. 熟练应用函数调用的一般形式；
2. 熟练应用函数的返回值；
3. 理解函数形参和实参的关系。

任务下达

2011 年 9 月 1 日新个人所得税方案实施，中国内地个税免征额调至 3500 元。调整后的 7 级超额累进税率如下：

全月应纳税所得额	税率	速算扣除数（元）
全月应纳税额不超过 1500 元	3%	0
全月应纳税额为 1500 元～4500 元	10%	105
全月应纳税额为 4500 元～9000 元	20%	555
全月应纳税额为 9000 元～35000 元	25%	1005
全月应纳税额为 35000 元～55000 元	30%	2755
全月应纳税额为 55000 元～80000 元	35%	5505
全月应纳税额超过 80000 元	45%	13505

计算办法如下：

个人所得税=（总工资-三险一金-免征额）×税率-速扣数

如总工资 6605 元，三险一金 505 元为例，个人所得税为：

（6605-505-3500）×10%-105=155 元

税后收入为 6605-505-155= 5945 元

编写函数，求税后工资收入。

知识链接

定义函数的目的是为了在调用时实现某种功能。

一、函数调用的形式

函数名（实参表列）

对于无参函数，实参表列则为空，但括号不能省略。如果实参表列有多个参数，各参数间用逗号隔开。

函数的调用一般有以下两种形式：

1. 函数表达式

函数作为表达式中的一项出现在表达式中，以函数返回值参与表达式的运算，如 m=min(a,b)。这种方式要求函数要有返回值。函数通过 return 语句返回值。如 return(z)。

M7-2-1：自定义函数求两个数中最小值。

```
# include "stdio.h"
void main( )
{
int min( int x, int y );
int m,a,b;
scanf("%d,%d",&a,&b);
m=min(a,b);
printf("最小值为：%d",m);
}
int min(int x, int y)
{
```

```
int z;
z=x<y ? x : y ;
return(z);
}
```

2.函数语句

函数调用的一般形式加上分号即构成函数语句。

例如：printf ("%d",x); scanf ("%d",&y); 都是以函数语句的方式调用函数。

二、函数的实参和形参

实参在主调函数中使用有效，进入被调函数后，实参变量失去作用。形参出现在函数定义中，在定义函数体内使用有效，离开该函数则不能使用。形参和实参的功能是实现数据传送。函数调用时，主调函数把实参的值传送给被调函数的形参，从而实现主调函数向被调函数的数据传送。

形参变量只有在被调用时才分配内存单元，调用结束时， 即刻释放所分配的内存单元。因此，形参只有在函数内部有效。函数调用结束返回主调函数后则不能再使用该形参变量。

实参可以是常量、变量、表达式、函数等，无论实参是何种类型的量，在进行函数调用时，它们都必须具有确定的值，以便把这些值传送给形参。

实参和形参在数量上、类型上、顺序上应严格一致，否则会发生"类型不匹配"的错误。

函数调用中发生的数据传送是单向的，即只能把实参的值传送给形参，而不能把形参的值反向地传送给实参。因此在函数调用过程中，形参的值发生改变，实参的值不会变化。即使形参、实参变量名一样。

三、函数调用的过程

函数调用的过程如下：

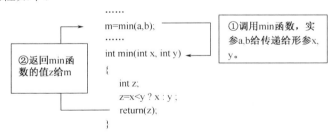

四、函数的返回值

return (表达式);

注：返回值的类型与函数类型保持一致。

语句的功能：立即退出所在的函数，回到调用它的程序中，并返回一个值给调用它的函数。如下列程序，min 函数中因 return 语句直接返回主调函数，下面的 z=100 不会执行。

```
......
m=min(a,b);
......
int min(int x, int y)
{
```

```
int z;
z=x<y ? x : y ;
return(z);
z=100;
}
```

函数调用的过程如下：

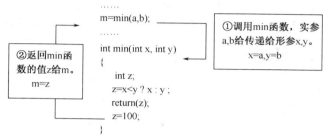

程序执行过程中有两种情况会终止被调函数运行并返回到主调函数中:执行到函数的最后一条语句后返回或执行到语句 return 时返回。

五、函数的声明

函数调用之前需要在主调函数中对被调函数进行声明，声明的目的是把函数名、函数参数的个数和类型等信息通知编译系统，以便函数调用时，编译系统能正确识别函数并检查调用是否合法。

函数调用的种类有两种：库函数和自定义函数。

1. 库函数调用声明

在文件开头编写指定类型的头文件。

如使用 printf、scanf 函数时需要编写头文件：# include "stdio.h" 或 # include <stdio.h>

再如使用数学函数 sin、abs 、rand 时，需加 # include "math.h" 或 # include <math.h>

2. 自定义函数调用声明

声明的方法是在主调函数开始位置加上被调函数的"函数原型"，即函数定义的第一行。

```
void main( )
{
int min( int x, int y ); /*函数声明*/
……
```

如果在文件的开头（所有函数之前），已对所调用的函数进行了声明，则无需在后面主调函数中声明。如：

```
# include "stdio.h"
void print_info( );
void print_other( int m );
void main( )
{
int x;
scanf("%d",&x);
print_other( x);
print_info( );
```

```
print_other( x );
}
void print_info( )
{
printf("    Merry Christmas! \n");
}
void print_other( int m )
{
int i;
for(i=1;i<=m;i++)
printf(" ~^o^~ ");
printf("\n");
}
```

注意

有两种情况可以不用声明：一是当被调用函数的定义位置在主调函数之前，二是被调用函数是整型 int。

想一想

▌ 实践向导

第一步：分析任务，判断自定义函数的功能

通过分析，自定义函数实现的功能是在得知总工资和三险一金后计算税后收入。

所以函数形参的值为总工资和三险一金：

float wage(float total,float insurance);

total：总工资（数据类型：单精度）

insurance：三险一金支出（数据类型：单精度）

wage 函数：计算税后收入（数据类型：单精度）

第二步：定义函数

根据收入，个税共分为八种情况：

除了七种税率之外还有一种就是不征税人群（月收入低于 3500 元），定义如下：

```
float wage(float total,float insurance)
{
    float shsr,m,bfb,sk;  /*shsr 为税后收入，bfb 为税率，sk 为速算扣除数*/
    m=total-3500- insurance;
    if(m<=0)
        return 0;
    if(m<1500)
        {bfb=0.03;sk=0;}
    else if(m<4500)
        {bfb=0.1;sk=105;}
    else if(m<9000)
        {bfb=0.2;sk=555;}
    else if(m< 35000)
        {bfb=0.25;sk=1005;}
```

```
    else if(m< 55000)
        {bfb=0.3;sk=2755;}
    else if(m<80000)
        {bfb=0.35;sk=5505;}
    else
        {bfb=0.45;sk=13505;}
    shsr=m*bfb-sk;
    return(shsr);
}
```

第三步：主函数调用 wage 函数

```
void main( )
{
float x,y,shsr;
printf("请输入总收入，三险一金金额：\n")
scanf("%f, %f",&x, &y);
shsr= x-y-wage(x,y);
printf("您税后收入金额为：%f",shsr);
}
```

主函数中调用 wage 函数时，总收入实参 x 值传递给形参 total，三险一金实参 y 值传递给形参 insurance。wage 函数执行完后返回主函数，同时将结果返回给 shsr 变量。

注意

主函数中的 shsr 变量与 wage 函数中的 shsr 变量不是同一个变量，因作用域不同，不会相互影响。

参考程序（P7-2-1.c）

```
# include "stdio.h"
void main( )
{
    float wage(float total,float insurance);
    float x,y,shsr;
    printf("请输入总收入，三险一金金额：\n");
    scanf("%f, %f",&x, &y);
    shsr=x-y-wage(x,y);
    printf("您税后收入金额为：%.1f 元",shsr);
}
float wage(float total,float insurance)
{
    float shsr,m,bfb,sk;  /*shsr 为税后收入，bfb 为税率，sk 为速算扣除数*/
    m=total-3500- insurance;
    if(m<=0)
        return 0;
    if(m<1500)
        {bfb=0.03;sk=0;}
    else if(m<4500)
        {bfb=0.1;sk=105;}
    else if(m<9000)
        {bfb=0.2;sk=555;}
```

```
        else if(m< 35000)
            {bfb=0.25;sk=1005;}
        else if(m< 55000)
            {bfb=0.3;sk=2755;}
        else if(m<80000)
            {bfb=0.35;sk=5505;}
        else
            {bfb=0.45;sk=13505;}
        shsr=m*bfb-sk;
        return(shsr);
    }
```

▌ 小试牛刀

1. 判断程序的运行结果（P7-2-2.c）

```
# include "stdio.h"
int max(int x,int y,int z)
{
    int xx;
    xx=z;
    if(x>xx) xx=x;
    if(y>xx) xx=y;
    return (xx);
}
void main( )
{
    int a=6,b=7,c=8,d;
    d=max(a,b,c);
    printf("最大值为：%d",d);
}
```

程序的运行结果为＿＿＿＿＿＿＿

2. 自 2011 年 3 月 21 日零时起，南京市属 9082 辆出租车统一再加 1 元燃油附加费，该市 3 公里内的出租车起步费用由现行的"9+1"变成"9+1+1"，即起步价调整为 11 元，超过之后每公里 2.4 元。自定义函数，计算打车费用。（P7-2-3.c）

3. 填写程序：由键盘输入两个正整数 x，y，且 x<y，输出从 x 到 y 之间（包含 x，y）所有素数并求和。素数的判断由自定义函数 isprime 实现。（P7-2-4.c）

```
# include "stdio.h"
void main( )
{
    _____;
    int a,b,i,s=0;
    do
    {
     scanf("%d,%d",&a,&b);
    }_____;
    for(i=a;i<=b;i++)
    {
     if_____
```

```
        {
        printf("%4d",i);
        s+=i;
        }
    }
    printf("所有素数之和为：%d",s);
}
int isprime(int x)
{
    int i;
    for(i=2;i<x;i++)
    if(_____) return 0;
    _____;
}
```

4．自定义函数判断水仙花数，输出所有水仙花数。（P7-2-5.c）

任务三　函数的嵌套

学习目标

1．理解 C 程序函数调用的过程
2．理解函数嵌套的结构
3．熟练掌握函数嵌套的应用

任务下达

五一期间唐僧师徒四人分别到日本、法国、中国香港和美国旅游，回来时都给八戒带了一份礼物。唐僧的礼物：5000 日元；孙悟空的礼物：88 欧元；沙僧的礼物：600 港币；白龙马的礼物：480 美元。假设外币与人民币兑换的汇率如下：

$\qquad$ 100美元兑换650人民币元　　100日元兑换8元人民币元

$\qquad$ 100港元兑换 83人民币元　　100欧元兑换930人民币元

假设外币类型：H 表示港币 HKD、E 表示欧元 EUR、J 表示日元 JPY、U 表示美元 USD。

阅读以下程序（P7-3-1.c），在空白处填空，输出礼物的人民币价格，并修改主程序，判断谁的礼物最贵？

```
#include<stdio.h>
    (1)_____
void main(  )
    {  float money,s;   char c;
        (2)_____
        s=fun1(c,money);
        printf("%.1f",s);
    }
float  fun1(char x,float y)      /*fun1 函数，根据汇率将外币换算成人民币*/
    {  float a,b;
        (3)_____
        b=a*y;
```

```
          (4)              }
float   fun2(char d)                        /*fun2 函数，根据外币类型确定汇率*/
      {   float z;
          (5)
          return(z);   }
```

知识链接

大家知道，C语言源程序是由函数组成的，必须包含一个主函数 main( )，在主函数 main( ) 中可以调用其他函数，如库函数、自定义函数。

● 在 C 程序中，可以定义一个或多个自定义函数；
● 自定义函数，可以调用库函数；
● 自定义函数之间可以相互调用；
● C 语言规定：所有函数不可以调用主函数 main（）。

一、函数的嵌套

自定义函数调用其他的函数，就是函数的嵌套。下面研究程序：

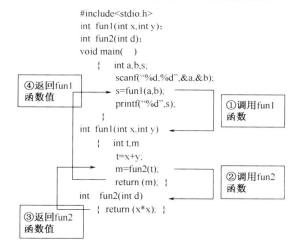

以上程序中：

第一步：调用 fun1 函数

实参 a 的值传递给形参 x，实参 b 的值传递给形参 y；

第二步：调用 fun2 函数

实参 t 的值传递给形参 d；

第三步：返回 fun2 函数值

结束 fun2 函数，返回到主调函数 fun1 中，同时 return 返回 fun2 函数值；

第四步：返回 fun1 函数值

结束 fun1 函数，返回到主调函数 main 中，同时 return 返回 fun1 函数值。

想一想

1. 整个程序由哪几个函数组成？
2. 假设 a=2，b=3，判断程序的运行结果。

二、递归调用

递归是一种基本而重要的算法。递归方法即通过函数调用自身将问题转化为本质相同但规模较小的子问题，是分治策略的具体体现。

通过这种方法，把复杂的问题层层转化为一个与原问题相似的规模较小的问题来求解。递归算法只需少量的程序就可描述出解题过程所需要的多次重复计算。

在编写递归算法的时要特别注意：递归调用必须可以满足一定条件时结束递归调用，否则无限地递归调用将导致程序无法结束。下面研究程序。

函数可以调用自己，这种调用是函数嵌套的特殊形式，称为递归。递归将在专题中详细讨论。

M7-3-1：求 n！

对于求 n！的问题我们可以先从一个具体的问题入手，比如求 5！。我们知道 5！=5*4*3*2*1，即 5！=5*4！，因此我们只要求出 4！乘以 5 就可以了。而 4！=4*3！，我们只要求出 3！乘以 4 就可以了……因此我们可以得出这样一个关系：当 n>1 时，n！=n*(n-1)！（n=1 时，n！=1，所以 n=1 为结束递归调用的条件），这就是一种递归关系。

参考程序：

```c
#include<stdio.h>
int s(int n)
{
    int p;
    if(n==1)                /*递归边界*/
    p=1;
    else
    p=n*s(n-1);             /*递归关系的呈现*/
    return p;
}
void main()
{
    int n;
    printf("请输出要求的阶乘：");
    scanf("%d",&n);
    printf("结果是：%d",s(n));
}
```

实践向导

第一步：读程序，分析任务执行的流程

main( )函数——输入货币类型和数量（实参）

如唐僧的礼物：5000 日元，输入 J 和 5000。

fun2( )函数——根据货币类型判断汇率

根据货币类型 J 判断汇率为 0.08。

fun1( )函数——根据汇率和数量，换算成人民币

由汇率 0.08 和数量 5000，换算人民币为 5000*0.08。

最后程序返回 main 函数。

第二步：理解函数的调用

main( )函数调用 fun1( )函数

实参 money 值传递给形参 y;

实参 c 值传递给形参 x;

其中 money 为货币数量，c 为货币类型。

fun1( )函数调用 fun2( )函数

实参 x 值传递给形参 d。

参考程序（P7-3-1.c）：

```c
#include<stdio.h>
float  fun1(char x,float y);
float  fun2(char d);
void main( )
    { float money,s;   char c;
    scanf("%c,%f",&c,&money);
      s=fun1(c,money);
      printf("%.1f",s);    }
float  fun1(char x,float y)
  { float a,b;
    a=fun2(x);
    b=a*y;
    return(b);   }
float fun2(char d)
  { float z;
    switch(d)
    { case 'u' : z=6.5;  break;
      case 'j' : z=0.08;  break;
      case 'h' : z=0.83;  break;
      case 'e' : z=9.3;  break;    }
    return(z);
  }
```

拓展一：输出四件商品的人民币价格

程序执行一次只能输入一个商品的货币类型和数量，同时也只能输出一个商品的人民币价格，现在需要实现四次输入商品外币类型和数量。

参考程序：

```c
void main( )
  { float money,s;  char c; int i;
    for(i=1;i<=4;i++)
    {  scanf("%c,%f",&c,&money);
        s=fun1(c,money);
printf("%.1f\n",s);  }
  }
```

拓展二：输出最高商品的人民币价格

定义变量 max

参考程序：

```
void main( )
  { float money,s,max=0;
char c; int i;
    for(i=1;i<=4;i++)
      {  scanf("%c,%f",&c,&money);
         s=fun1(c,money);
         if(max<s) max=s;
printf("%.1f\n",s);
      }
printf("最高价为: %.1f",s);
  }
```

小试牛刀

1. 判断程序运行的结果（P7-3-2.c）
```
#include<stdio.h>
int  ss1(int x)
{  return (x+4);  }

int  ss2(int y)
{  int t=10;
t=y+ss1(t);
   return (t);
}

void main( )
{ int a=5;
   printf("%d", ss2(a));
}
```
程序运行的结果为＿＿＿＿＿＿＿

2. 输入两个正整数，输出其最小公倍数。最小公倍数为两数之积除以最大公约数。
（P7-3-3.c）

提示

定义 fun1( )函数实现求两数的最大公约数
定义 fun2( )函数实现求两数的最小公倍数

3. 判断程序运行的结果。（P7-3-4.c）
```
#include<stdio.h>
long fun1( int n )
{  long s;
if (n==1 || n==2)
s=10;
else
s=n+fun1(n-1);
return s;
   }
void main( )
{ printf("%ld", fun1(6));   }
```

4．定义递归函数求 Fib（n）。（P7-3-4.c）

$$Fib(n)=\begin{cases} 0 & (\ n=0\ ) \\ 1 & (\ n=1\ ) \\ Fib(n-1)\ +\ Fib(n-2) \\ (\ n>1\ ) \end{cases}$$

任务四　数组函数的调用

学习目标

1．了解数组函数调用的类别；
2．理解数组函数的调用过程；
3．熟练掌握数组函数的调用。

任务下达

五一团购节，小明打算更换家里部分旧家电，跑了 5 家大型商场，针对同等档次的电器各家报价汇总如下：

商品 商家	A（元）	B（元）	C（元）	D（元）
苏宁	1588	3680	5660	899
五星电器	1460	3999	5980	998
国美	1480	3699	5799	820
华润苏果	1799	4199	6120	750
家乐福	1680	4099	5550	790

定义函数，输出各类电器同等档次的最低报价。

知识链接

在调用有参函数时，实参除了可以是变量、常量、表达式之外，也可以是数组元素和数组名，但是效果是不一样的。

一、一维数组作为函数的参数

✧　一维数组元素作为函数参数

一维数组元素作为函数的实参，其用法与变量相同。是单向的值的传递，即数组元素的值传给形参，形参的改变不影响作为实参的数组元素的值。

M7-4-1：定义函数，将全班所有同学成绩乘以 1.5 输出。

```
#include<stdio.h>
void main( )
{
    float s(float n);
    float cj[30];
    int i;
```

```
    for(i=0;i<30;i++)
        scanf("%f",&cj[i]);
    for(i=0;i<30;i++)
    printf("%f",s(cj[i]));   /*数组元素的值传递给形参*/
    printf("\n");
for(i=0;i<30;i++)
    printf("%f",cj[i]);          /*原数组元素的值并没有改变*/
}
float s(float n)
{   float p;
    p=n*1.5;
    return (p);
}
```

❖ 数组名作为函数参数

数组名作为函数参数，此时形参和实参都是数组名，与数组元素不同在于传递的是数组第一个元素的地址。即形参数组和实参数组共占同一存储单元。如果形参数组修改时，同时会修改实参数组的值。

M7-4-2：定义函数，将全班所有同学成绩从高到低依次输出。

```
#include<stdio.h>
void main( )
{
float px (float  a[30] );      /* 函数的声明 */
float cj[30];                   /* 实参数组的定义 */
int i;
for(i=0;i<30;i++)
scanf("%f",&cj[i]);
px (cj );                       /*调用函数 px，数组名作为实参*/
for(i=0;i<30;i++)
    printf("%5.1f",cj[i]);     /*原数组元素的值按要求排序*/
}
float px( float  a[30] )
{
    int i,j,p;
    float t;
    for (i=0;i<30-1;i++)
    {
        p=i;
        for (j=i+1;j<30;j++)
        if(a[i]<a[j]) p=j;
        if(p!=i){t=a[i]; a[i]=a[p]; a[p]=t;}
    }
}
```

M7-4-3：已知 2 队选手的成绩，调用自定义函数 average，分别输出两队选手的平均成绩。

```
#include<stdio.h>
void main( )
{
    float average (float  a[ ] ,int n);   /* 函数的声明 */
```

```
    float x,y;
    float score1[4]={8,6,9,5};
    float score2[6]={6,7,6,5,9,7};
    x= average (score1 ,4);    /*调用函数 average */
    y= average (score2 ,6);    /*调用函数 average */
    printf("%5.1f, %5.1f ",x,y);
}
float average (float  a[ ] ,int n)
{
    int i; float sum=0;
    for (i=0;i<n;i++)
        sum+=a[i];
    sum=sum/n;
    return(sum);
}
```

数组名作函数参数注意事项：

◇　主调函数、被调函数中分别定义数组，并且要求形参与实参数组类型保持一致，如实参数组 cj 和形参数组 a。

◇　因 C 语言编译系统并不检查形参数组的大小，只是将实参数组的第一个元素的地址传给形参数组，所以形参数组大小的指定并不起作用，可以小于、等于或大于实参数组的元素个数，甚至形参数组的元素个数可以省略，如 float px(float a[ ])，但数组后方括号不可省略。

◇　变量、数组元素作为函数参数时，所进行的值传送是单向的。即只能从实参传向形参，而形参的值发生改变后，实参并不变化。而数组名作函数参数时，将实参数组的第一个元素的地址传给形参数组，即形参和实参共占同一存储单元，因此当形参数组发生变化时，实参数组也随之变化。

二、多维数组作为函数的参数

二维或多维数组元素作函数参数，与一维数组元素作函数参数相同，实现的都是单向的值传递。

二维或多维数组名作为函数参数，与一维数组名作为函数参数一样，传递的是数组的起始地址，即形参数组与实参数组共占同一个存储单元。具体要求见一维数组。

M7-4-5：定义函数，输出 3×3 矩阵所有元素的最小值。

```
#include<stdio.h>
void main( )
{
    int min (int a[3][3] );    /* 函数的声明 */
    int b[3][3]={{2,6,3},{1,4,9},{3,7,4}};
    printf("最小值为: %d", min (b) );
}
int min (int a[3][3] )
{
    int i,j,x=a[0][0];
    for (i=0;i<3;i++)
        for (j=0;j<3;j++)
```

```
            if(a[i][j]<x) x=a[i][j];
      return(x);
   }
```

注意

对于多维数组名作为实参时，对应的形参数组定义时可以指定每一维的大小，也可以省略第一维的大小说明。如上例中可以定义为 int min (int a[ ][3])。但是第二维以及其他高维的元素个数不能省略。

实践向导

第一步：分析任务，判断自定义函数的功能

通过分析，自定义函数实现的功能是在五家商家中寻找同类产品报价最低的价格和商家。根据数据信息，我们需要对每一列数据进行筛选，求最小值。

所以函数实参为一个二维数组，通过调用自定义函数 fun1 将实参数组数据传给形参数组。

定义实参数组：

```
int price[5][4];
for(i=0;i<5;i++)
  for(j=0;j<4;j++)
    scanf("%d",&price[i][j]);          /* 数组数值的输入 */
```

调用自定义数组：

```
fun1 (price);                          /* 函数的调用 */
```

第二步：定义函数 fun1

```
void fun1(int x[5][4])                 /* 函数无返回值 */
{
  int i,j,min,n;
  for(j=0;j<4;j++)
   {
     min=x[0][j];                      /* 将每列第一个值赋给 min */
     n=0;                              /* 记录最低值的位置 */
     for(i=0;i<5;i++)
       if(min>x[i][j])
       { min=x[i][j];n=i;}
printf("第%d家价格最低，为：%d\n",n+1,min);
   }
   }
```

参考程序（P7-4-1.c）：

```
#include<stdio.h>
void fun1(int x[5][4]);
void main( )
 { int i,j; int price[5][4];
for(i=0;i<5;i++)
    for(j=0;j<4;j++)
      scanf("%d",&price[i][j]);
fun1( price );
```

```
        }
void  fun1(int x[5][4])
{
   int i,j,min,n;
   for(j=0;j<4;j++)
     {
       min=x[0][j];n=0;
for(i=0;i<5;i++)
    if(min>x[i][j])
    { min=x[i][j];n=i;}
printf("第%d家价格最低，为：%d\n",n+1,min);
     }
  }
```

小试牛刀

1. 判断程序运行的结果（P7-4-2.c）
```
#include<stdio.h>
int fun1(a[ ])
{  int i=1;
   while(a[i]>=6)
   {
printf("%4d",a[i]);
     i++;
   }
}

void main( )
{  int a[5]={23,5,65,1,87};
   fun1(a+1);
}
```

2. 已知一维数组 a={3,5,23,41,6,8,24}，定义函数，实现数据按照从大到小的顺序排列，并在数组前插入元素 26，最后面插入元素 33。结果为：a={26，3，5，6，8，,23，,24，41，33}。（P7-4-3.c）

3. 如下图所示，已知 4×5 矩阵，定义函数求所有元素中素数的平均数。（P7-4-4.c）

32	11	9	6	3
4	5	6	7	8
45	32	36	1	55
17	3	6	11	22

项目小结

本项目我们学习了 C 程序函数的定义、声明、调用等有关内容，由四个任务依次展开，项目要求如下：

一、涉及的知识

1. 了解函数的分类和执行过程；
2. 理解函数定义的一般形式、函数的声明；
3. 理解函数形参和实参的关系、函数的返回值。

二、掌握的技能

1. 会自定义函数的定义和声明；
2. 掌握函数的调用以及嵌套调用；
3. 掌握函数的递归调用；
4. 掌握数组函数的调用。

挑战自我

求 $s = \dfrac{x}{1!} + \dfrac{x^2}{2!} + \dfrac{x^3}{3!} + \dfrac{x^4}{4!} + \ldots + \dfrac{x^n}{n!}$，$x,n$ 由键盘输入。

```
int fun1(int n)
{
（完成函数功能语句编写）
}
float sum(int n,float x)
{
（完成函数功能语句编写）

}
#include<stdio.h>
void main( )
{   int  n; float x;
scanf("%d,%f",&n,&f);
    printf("%f", sum(n,x));
}
```

项目评价

1. 根据本项目各个任务及其"小试牛刀"、"挑战自我"等完成情况，其难易感觉是：

任　　务	☺	☺	☹
任务一：认识函数			
任务二：函数的调用			
任务三：函数的嵌套			
任务四：数组函数的调用			
挑战自我			
统计结果（单位：次）			

2. 根据本项目各个任务的完成情况，对照"观察点"列举的内容，进行自评或互评。

"观察点"内容可视实际情况在教师引导下拓展。

观　察　点	☺	☺	☹
了解函数的分类和执行过程			
理解函数定义的一般形式、函数的声明			
熟练应用函数调用的一般形式			
理解函数形参和实参的关系、函数的返回值			
理解函数的嵌套调用和递归调用			
理解数组函数的调用			
统计结果（单位：次）			

3．根据本项目完成过程中，对照小组合作情况，进行自评或互评。"观察点"内容可视实际情况在教师引导下拓展。

观　察　点	☺	☺	☹
学习态度：态度端正，积极参与，自然大方			
交流发言：语言精心组织，表达清晰有序，声音洪亮			
回答问题：能够随机应变，正确回答提问			
团队合作：小组成员积极参与，相互帮助，配合默契			
任务分配：小组成员都在任务完成中扮演重要角色			
任务完成：通过小组努力，共同探究，较好完成任务			
个人表现：在任务实施过程中努力为小组完成任务积极探索			
统计结果（单位：次）			

项目八　字符与字符串
——密码的破译

▌项目引言

字符数组是数组的一种特殊情况，它包括简单的字符数组和字符串。当然字符数组和字符串有着密切的联系，但字符数组并不等于字符串。经过本项目的学习，相信大家会对字符数组和字符串有一个清晰的认识。

整个项目分为以下三个任务：
- ◇　任务一：字符数组与字符串；
- ◇　任务二：单个字符及字符串的输入和输出函数；
- ◇　任务三：常用的字符串操作函数。

任务一　字符数组与字符串

▌学习目标

1. 掌握字符数组的定义；
2. 掌握字符数组初始化的方法。

▌任务下达

判断输入的字符串是否是回文字符串。所谓回文字符串是指字符串的第一个字符和除'\0'以外的倒数第一个字符一样，第二个字符和除'\0'以外的倒数第二个字符一样，如字符串"helleh"即为回文字符串。

▌知识链接

一、字符数组

C 程序中没有专门的字符串变量，通常用一个字符数组来存放一个字符串。

1. 字符数组的定义

```
char 数组名[长度];
```
例：char c[15];
表示定义了数组名为 c，长度为 15 的字符数组，系统为它分配 15 个字节的存储空间。

> 💡提示

对一个字符数组，如果不作初始化赋值，则必须说明数组的长度。

2．字符数组的初始化

方法 1：逐个字符赋值

例：char c[9]={'c', ' ','p','r','o','g','r','a','m'};

在初始化时可以省略数组长度，上面的语句可以写成：

char c[]={'c', ' ','p','r','o','g','r','a','m'};其长度就是初始化内容实际长度。

C		p	r	o	g	r	a	m

方法 2：用字符串常量对数组进行赋值

例：char c[10]={"C program"};

或去掉{}写为：

　　char c[]="C program";

用字符串方式赋值比用字符逐个赋值要多占一个字节， 用于存放字符串结束标志'\0'. 上面的数组 c 在内存中的实际存放情况为：

C		p	r	o	g	r	a	m	\0

'\0'是由 C 编译系统自动加上的。由于采用了'\0'标志，所以在用字符串赋初值时一般无须指定数组的长度，而由系统自行处理。在采用字符串方式后，字符数组的输入/输出将变得简单方便。

🔒**想一想**

采用这两种方法对字符数组赋值的差异在哪里？

二、字符串

在 C 程序中，字符串的处理是基于字符数组的。例如上述字符数组初始化的第二种方法。

　　char c[]={"C program"};

或去掉{}写为：

　　char c[]="C program";

字符串在实际存储时其尾部添加了一个'\0'. '\0'代表 ASCII 码为 0 的字符，是一个空操作符，表示字符串结束。所以采用字符数组存放字符串，其赋值时应包含结束标志'\0'.

M8-1-1 字符串的输出

```
#include <stdio.h>
void main()
{
    char str1[6],str2[10];
    int i;
    for(i=0;i<5;i++)
        scanf("%c",&str1[i]);
    str1[5]='\0';
    scanf("%s",str2);
    printf("%s\n%s\n",str1,str2);
}
```

💡**提示**

当格式符为 "%s" 时， scanf()函数的地址列表是数组名， 无需加地址符&。 printf()函数中格式符对应的变量是字符数组名。

实践向导

第一步：确定该字符串的实际长度

根据题意，回文字符串是指字符串的第一个字符和除'\0'以外的倒数第一个字符一样，第二个字符和除'\0'以外的倒数第二个字符一样。为此判断一个字符串是否为回文字符串，首先要先确定该字符串的实际长度。

而实际长度可以把字符串中'\0'之前的字符全都加起来。如对于一个字符串 s 来讲，可通过以下程序来统计该字符串的实际长度：

```
Int i=0;
while(s[i]!='\0')
{
    i++;
}
```

💡提示

统计字符串长度还可以通过函数实现：如 j=strlen(s);

第二步：判断是否回文

设置两个变量，一个变量表示正过来的字符位置，另一个变量表示反过来的字符位置。如果每次正过来都和反过来相应位置的字符一样，则是回文字符串，否则就不是回文字符串。

```
f=1;
for(i=0,h=j-1;i<j/2;i++,h--)
{
    if(s[i]!=s[h])
    f=0;
    break;
}
```

参考程序：（P8-1-1.c）

```
#include<stdio.h>
main( )
{
    char s[100];
    int i=0,j=0,h,f=1;
    scanf("%s",s);
    while(s[i]!='\0')
{
    j++;
    i++;
}

    for(i=0,h=j-1;i<j/2;i++,h--)
{
    if(s[i]!=s[h])
    f=0;
```

```
        break;
    }
    if(f)
    printf("该字符串是回文字符串");
    else
    printf("该字符串不是回文字符串");
    }
```

🔒 想一想

利用 strlen 函数程序可以如何修改！

小试牛刀

1. 若输入 name 后回车，则可能的结果是什么？（P8-1-2.c）

```
main()
{
    int i;
    char a[5];
    scanf("%s",a);
    for(i=0;i<5;i++)
    printf("%d,",a[i]);
}
```

2. 用字符串 "hi,morning!" 对数组 str 元素赋初值，然后打印出该数组中的各个元素及所对应的 ASCII 码值（P8-1-3.c）。

任务二　单个字符及字符串的输入与输出函数

学习目标

1. 掌握单个字符的输入/输出；
2. 掌握字符串的输入/输出。

任务下达

小明的笔记本电脑一直没有设密码，现在小明想为自己的笔记本设置一个六位密码，并且能够具备简单的加密功能，加密的规则是使输入的字符变成对应 ASCⅡ码值大 4 的字符。如 A 字符变成 E 字符。

知识链接

一、单个字符的输入输出函数

C 程序头文件<stdio.h>中还定义了两个专门用于单个字符输入/输出的函数 getchar()和putchar()。

1. getchar()函数

作用：从终端获得一个字符

格式：getchar()

💡 提示

getchar()函数只能接受单个字符，输入数字也按字符处理。输入多于一个字符时，只接收第一个字符。

M8-2-1 获得单个字符

```
#include<stdio.h>
void main()
{
char c;
printf("input a character\n");
c=getchar();
putchar(c);
}
```

🔒 想一想

getchar()函数和scanf()函数在接收单个字符时有什么不同之处呢?比如对回车字符分别是如何处理的?

2. putchar()函数

作用：是将终端输出一个字符

格式：putchar(c)

它输出字符变量 c 的值，c 可以是字符型变量或者整型变量。

M8-2-2 输出单个字符

```
#include<stdio.h>
void main()
{
char a='A',b='C',c='k';
putchar(a);
putchar(b);
putchar(c);
putchar('\t');
}
```

二、字符串的输入/输出

C 程序提供了字符串的输入/输出函数 gets()和 puts()，它们在头文件<stdio.h>中定义，用于整串字符串的输入/输出。

1. puts()函数

作用：输出字符串（包含'\0'），并换行。

格式：puts(字符数组名)；或 puts(字符串常量)；

M8-2-3 字符串的输出

```
#include <stdio.h>
void main( )
{
    char str1[]="merry",str2[]="Christmas";
    puts(str1);
```

```
    puts(str2);
    printf("%s\n%s",str1,str2);
  }
```

💡 提示

函数 puts()一次只能输出一个字符串，可以包含转义字符，并且输出后会自动换行，而 printf()函数可以同时输出多个字符串，并且能灵活控制是否换行。

2. gets()函数

作用：读取一个字符串，直到回车结束。

格式：gets(字符数组名);

gets()函数在读取一个字符串后，系统自动在字符串后加上一个字符串结束标志'\0'。

💡 提示

函数 gets()只能一次输入一个字符串。 函数 gets()可以读入包含空格、Tab 的全部字符，直到遇到回车为止。

M8-2-4 字符串的输入

```
#include<stdio.h>
main()
{
char str[15];
printf("请输入字符串：");
gets(str);
printf("输入的字符串是：");
puts(str);
}
```

🔒 想一想

scanf()函数遇到空格、Tab 和回车时分别是怎么处理的？

‖ 实践向导

第一步：设定字符数组的长度

原始密码为一个六位的字符串，字符串的最后一位是'\0'，所以数组的长度需定义到 7。

第二步：输入原始密码

原始密码为一个六位的字符串，我们可以用 getchar()来一次次地接收，也可以用 gets()函数来一次性全部接收，显然后者更加方便。

第三步：实现加密，并输出加密后的密码

明确加密的规则：使输入的字符变成对应 ASCII 码值大 4 的字符。如 A 字符变成 E 字符。

采用循环取出密码中的每一个字符：通过判断取出的字符 mima[i]是否等于'\0'来判断字符是否全部取出。

实现加密：mima[i]=mima[i]+4;

输出加密后的密码：用 puts()函数来输出更加方便，一次全部输出。

参考程序：（P8-2-1.c）

```c
#include<stdio.h>
#include<math.h>
void main( )
{
    char mima[7],c;
    int i;
    printf("请输入密码：");
    gets(mima);
    for(i=0;mima[i]!='\0';i++)
    mima[i]+=4;
    puts(mima);
}
```

▋ 小试牛刀

1. 阅读程序，给出结果。如输入的字符串分别为"hello"和"morning"，则结果是什么？（P8-2-2.c）

```c
#include<stdio.h>
void main( )
{
    char str1[80],str2[80];
    int j=0,k=0;
    printf("请输入第一个字符串：");
    gets(str1);
    printf("请输入第二个字符串：");
    gets(str2);
    while(str1[j]!=0)
        j++;
    do
    {
    str1[j+k]=str2[k];
    k++;
    }while(str2[k]!=0);
    str1[j+k]='\0';
    printf("连接后的字符串为：");
    puts(str1);
}
```

2. 不用 C 程序中给定的字符串长度函数，来统计你输入的字符串的实际长度。（P8-2-3.c）

3. 不用 C 程序中给定的字符串复制函数，从键盘上输入一个字符串，存入数组中，然后照原样复制到另一个数组中。（P8-2-4.c）

任务三　常用的字符串操作函数

▋ 学习目标

1. 掌握常用的字符串操作函数；

2. 合理正确地使用字符串函数。

任务下达

设计一个检验密码的程序，要求用户输入密码，如果输入正确，则显示"你可以继续下面的操作！"，如果输入错误，则显示"错误密码，请重试！"如果三次出错，则给出信息："对不起，再见！"

知识链接

C 程序提供了很多字符串操作函数，其对应的头文件为<string.h>。

一、strcpy()函数

作用：把字符数组 2 中的字符串拷贝到字符数组 1 中。

字符串结束标志'\0'也一同拷贝。字符数名 2，也可以是一个字符串常量。这时相当于把一个字符串赋予一个字符数组。

格式：strcpy (字符数组名 1，字符数组名 2)

M8-3-1：字符串的复制

```
#include"string.h"
void main()
{
    char st1[20]= "hello",st2[]="happy every day";
    strcpy(st1,st2);
    puts(st1);
    printf("\n");
}
```

strcpy()函数要求字符数组 1 应有足够的长度，否则不能全部装入所拷贝的字符串。

💡提示

不能将字符串常量或字符数组直接赋值给另一个字符数组，如下面这种情况是错误的：

```
char st1[20],st2[20];
st1[20]= "hello";
str2=str1;
```

这不同于初始化赋值。

二、strcat()函数

作用：把字符数组 2 中的字符串连接到字符数组 1 中字符串的后面，并删去字符串 1 后的串标志'\0'。

格式：strcat (字符数组名 1，字符数组名 2)

M8-3-2：字符串的连接

```
#include"string.h"
void main()
{
    char st1[30]="today is ";
    int st2[10];
    printf("请输入今天是星期几:\n");
```

```
        gets(st2);
        strcat(st1,st2);
        puts(st1);
    }
```

strcat()函数要求字符数组 1 应有足够的长度，否则不能全部装入字符数组 2。

三、strcmp()函数

作用：按照 ASCII 码顺序比较两个数组中的字符串，并由函数返回值返回比较结果。

格式：strcmp(字符数组名 1，字符数组名 2)

　　　　字符串 1＝字符串 2，返回值＝0；

　　　　字符串 2>字符串 2，返回值>0；

　　　　字符串 1<字符串 2，返回值<0。

　　　　本函数也可用于比较两个字符串常量，或比较数组和字符串常量。

四、strlen()函数

作用：测字符串的实际长度（不含字符串结束标志'\0'）并作为函数返回值。

格式：strlen(字符数组名)

M8-3-3：字符串长度测试

```
    #include"string.h"
    void main()
    {
        int nNum;
        char st[]="C language";
        nNum=strlen(st);
        printf("The lenth of the string is %d\n",nNum);
    }
```

五、strlwr()函数

作用：将字符串的大写字母转换为小写字母。

格式：strlwr(字符数组名)

六、strupr()函数

作用：将字符串的小写字母转换为大写字母。

格式：strupr(字符数组名)

▌▌ 实践向导

第一步：定义相关变量

```
    char mima1[8]="123456!" ,mima2[8];
    int i;
```

其中 mima1 数组表示原始密码，mima2 数组用来接收用户从键盘中输入的密码；变量 i 用来控制三次输入。

第二步：判断输入密码是否正确

根据前面介绍的字符串常用函数我们可以确定字符串比较函数是解决这类问题的最佳选择：即(strcmp(mima2,mima1)，如果返回值为 0，则表示 mima1 和 mima2 相等，否则说明密码输入不正确。

第三步：控制密码输入次数

由于输入密码的次数是有限的，只能在三次之内，如果三次都出错了，则失去继续操作的机会，如果在三次之内输入正确即可继续进行下面的操作，因此我们需借助循环控制输入密码的次数，并且用 break 语句实现正确输入后跳出循环，继续进行下面的操作。

参考程序：（P8-3-1.c）

```c
#include<stdio.h>
#include<string.h>
void main( )
{
   char mima1[8]="123456!" ,mima2[8];
   int i;
   for(i=1;i<=3;i++)
   {
   printf("请输入密码: ");
   gets(mima2);
   if(strcmp(mima2,mima1))
   {
   if(i<3)
       printf("无效密码，请重新输入! ");
   else
       printf("无效密码，对不起，再见");
   }
   else
   {
   printf("你可以继续进行操作。");
   break;
   }
   }
}
```

▌ 小试牛刀

1. 阅读程序，给出结果。（P8-3-2.c）

```c
#include <stdio.h>
#include<string.h>
main()
{
char str1[] = "Hello!", str2[] = "How are you? ",str[20];
    int len1,len2,len3;
    len1=strlen(str1);
    len2=strlen(str2);
    if(strcmp(str1, str2)>0)
```

```
    {
     strcpy(str,str1);
     strcat(str,str2);
    }
   else  if (strcmp(str1, str2)<0)
    {
     strcpy(str,str2);
     strcat(str,str1);
    }
    else
     strcpy(str,str1);
    len3=strlen(str);
    puts(str);
   printf("Len1=%d,Len2=%d,Len3=%d\n",len1,len2,len3);
 }
```

该程序的运行结果为_____

2. 判断字符串 **str1** 中是否有指定字符，如果有，则将其删除（可能不止一个）。（P8-3-3.c）

```
#include <stdio.h>
#include<string.h>
main()
{
char str1[80],ch;
int i,k=0;
gets(str1);
ch=getchar();
for(i=0;_____;i++)
if(_____)
{str1[k]=str1[i];
k++;
}
_____;
puts(str1);
}
```

▌▌ 项目小结

在实施项目过程中，我们学习了关于字符数组和字符串的相关内容。

1. 涉及的知识

（1）字符数组的定义及初始化；
（2）单个字符的输入/输出；
（3）字符串的输入/输出。

2. 掌握的技能

（1）正确地定义和初始化字符数组；
（2）合理正确地使用字符串函数。

挑战自我

将二进制的 IP 地址 "00001010.00000001.00010110.00011100" 转换为十进制表示的 IP 地址 10.1.22.28。（P8-4-1.c）

项目评价

1．根据本项目各个任务及其"小试牛刀"、"挑战自我"等完成情况，其难易感觉是：

任　务	☺	☺	☹
任务一：字符数组与字符串			
任务二：单个字符及字符串的输入和输出函数			
任务三：字符串的常用函数			
挑战自我			
统计结果（单位：次）			

2．根据本项目各个任务的完成情况，对照"观察点"列举的内容，进行自评或互评。"观察点"内容可视实际情况在教师引导下拓展。

观　察　点	☺	☺	☹
正确地定义字符数组			
对字符数组进行初始化			
能够正确地输入或输出单个字符			
能够正确地输入或输出字符串			
合理地使用字符串函数解决实际问题			
统计结果（单位：次）			

3．根据本项目完成过程中，对照小组合作情况，进行自评或互评。"观察点"内容可视实际情况在教师引导下拓展。

观　察　点	☺	☺	☹
学习态度：态度端正，积极参与，自然大方			
交流发言：语言精心组织，表达清晰有序，声音洪亮			
回答问题：能够随机应变，正确回答提问			
团队合作：小组成员积极参与，相互帮助，配合默契			
任务分配：小组成员都在任务完成中扮演重要角色			
任务完成：通过小组努力，共同探究，较好完成任务			
个人表现：在任务实施过程中努力为小组完成任务积极探索			
统计结果（单位：次）			

项目九 文件
——答案在哪里

▌▌ 项目引言

　　C 程序中的文件指标准设备和存放在磁盘上的文件。对文件进行操作，先要打开文件，然后对打开的文件进行读写等相关操作，操作结束后还必须关闭文件。在 C 程序中对文件的各种操作都是通过系统提供的函数来完成的。本项目将重点介绍文件的打开、关闭以及各种读写操作，同时简略地介绍文件中的常用函数。

　　整个项目分为以下两个任务：
　　✧　任务一：文件的打开与关闭
　　✧　任务二：文件的读写操作及常用函数

任务一　文件的打开与关闭

▌▌ 学习目标

　　1．掌握文件指针的含义及用法；
　　2．掌握文件打开与关闭的使用方法；
　　3．知道文件使用的一般流程；
　　4．知道文件打开的处理方式。

▌▌ 任务下达

　　小明的电脑 E 盘下有一个文本文件 abc.txt，请尝试用 C 程序编程打开并且关闭该文件。

▌▌ 知识链接

一、文件指针

　　文件类型指针是指向描述文件信息结构体的结构体变量，用于文件操作。在 C 程序中，要想对文件进行操作，首先必须将想要操作的数据文件与文件指针建立联系，然后通过这些文件指针来操作相应的文件。

　　文件指针的定义：
　　　　FILE　*指针变量标识符;
　　例如：FILE *fp;

　　表示 fp 是指向 FILE 结构的指针变量，通过 fp 即可找到存放某个文件信息的结构变量，然后按结构变量提供的信息找到该文件，实施对文件的操作。该指针就称之为文件指针。

　　C 程序中，文件在进行读/写操作之前要先打开，使用完毕要关闭。

二、打开文件

文件的打开实际上是建立文件的各种有关信息，并使文件指针指向该文件，以便进行其他操作。C 程序文件的打开是通过<stdio.h>函数库中的 fopen()函数实现的。

文件打开的格式：

文件指针变量=fopen(文件名，处理文件方式);

 提示

"文件名"是要打开的文件路径，在书写时要符合 C 程序的规定。

 想一想

能不能用文本文件的处理方式对二进制文件进行处理？

打开文件时的处理文件方式决定了系统可以对文件进行的操作。C 程序提供的文件处理方式如下：

处 理 方 式	描　　述
R	只读，打开已有文件，不能写
W	只写，创建或打开，覆盖已有文件
A	追加，创建或打开，在已有文件末尾追加
r+	读写，打开已有文件
w+	读写，创建或打开，覆盖已有文件
a+	读写，创建或打开，在已有文件末尾追加
T	按文本方式打开 (缺省)
B	按二进制方式打开

三、关闭文件

关闭文件指断开指针与文件之间的联系，禁止对该文件再次进行操作。

关闭文件的格式：`fclose(文件指针);`

例如：`fclose(fp);`

使用该函数后程序将文件类型指针 fp 所指向的文件关闭。fp 不再指向该文件。

 提示

文件操作程序的编写分以下几步：

（1）定义文件指针；

（2）打开文件，并判断是否成功打开，若打开文件失败，程序退出运行状态；

（3）对文件进行读写等操作；

（4）关闭文件。

M9-1-1：文件的打开与关闭

```
#include<stdio.h>
void main()
```

```
{
FILE *fp1, *fp2, *fp3;
char filename[ ]="file3.dat";
if ((fp1=fopen("file1.txt", "r"))==NULL) {
    printf("Cannot Open This File!\n");
    exit(0); /* 退出程序 */
    }
fp2=fopen("C:\\HOME\\FILE2.TXT", "rb+");
fp3=fopen(filename, "ab+");
......
fclose(fp1);
fclose(fp2);
fclose(fp3);
}
```

实践向导

第一步：创建文件类型指针

在 C 程序中对文件操作必须先创建文件类型指针，才能进行后续的操作。

```
FILE *fp;
```

第二步：打开文件并与文件指针建立联系

打开文件要关注打开文件时所采取的处理方式，只有采用对应的处理方式，才能进行对应的操作。本任务只是让我们打开一个文本文件，没有说明具体的操作，因而我们可以任选一种文本文件的处理方式，比如读的方式。

```
fp=fopen("E:\\abc.txt", "r");
```

第三步：关闭文件，撤销文件指针与文件的联系

对文件操作完毕后，必须关闭，如果不关闭可能会产生一些错误。

```
fclose(fp);
```

参考程序：（P9-1-1.c）

```
#include<stdio.h>
void main()
{
FILE *fp;
fp=fopen("E:\\abc.txt","r");
fclose(fp);
}
```

小试牛刀

1. 判断指定文件能否正常打开（P9-1-2.c）

```
#include<stdio.h>
main()
{
FILE *fp;
```

```
if((fp=fopen("text.txt","r"))== _____)
printf("未能打开文件");
else
printf("打开文件成功");
}
```

2．请设计程序打开放在 F 盘下的 mydoc.txt 文件，并成功关闭该文件。（P9-1-3.c）

任务二 文件的读写操作及常用函数

学习目标

1．掌握文件读写操作的四对函数内涵；
2．了解这四对函数的使用场合及对应的文件打开方式；
3．了解文件的其他常用函数。

任务下达

30 题英语选择题的答案 answer.txt 存放在小明电脑 E 盘下，请同学设计一个 C 程序来把英语作业的答案显示出来。

知识链接

C 程序为我们提供了很多个文件读写函数，这里我们重点介绍以下四对函数：

函　　数	功　　能	函　　数	功　　能
fputc	输出字符	fprintf	格式化输出
fgetc	输入字符	fscanf	格式化输入
fwrite	输出数据块	fputs	输出字符串
fread	输入数据块	fgets	输入字符串

一、单个字符的文件读写操作

1．fputc()函数

作用：向文件写入一个字符。

格式：fputc(字符或字符型变量，文件型指针变量)

例：fputc('A',fp);

将字符常量'A'（也可以是字符型变量）写入文件当前位置，并且使文件位置指针下移一个字节。如果写入操作成功，返回值是该字符，否则返回 EOF。

2．fgetc()函数

作用：从一个文件中读取一个字符。

格式：fgetc(文件型指针变量)

例：a=fgetc(fp);

fp 为一个文件类型指针变量，函数 fgetc(fp)不仅返回文件当前位置的字符，并且使文件位置指针下移一个字节。如果遇到文件结束，则返回值为文件结束标志 EOF。

M9-2-1：文件的字符读写

```c
#include <stdio.h>
void main()
{    FILE *fp1, *fp2;
     char c;
     fp1 = fopen("file_in.txt", "r");
     fp2 = fopen("file_out.txt", "w");
     while(!feof(fp1)) {
         c = fgetc(fp1);
         fputc(c, fp2);
     }
     fclose(fp1);
     fclose(fp2);
}
```

二、文件的字符串读写

1. fputs()函数

作用：向文件写入一个字符串。

格式：**fputs(字符串，文件型指针变量)**

其中字符串可以是字符串常量、指向字符串的指针变量、存放字符串数组的数组名。写入文件成功，函数返回值为 0，否则为 EOF。

例：`fputs("Hello",fp);`

fp 为一个文件类型指针变量，上式将字符串中的字符 H、e、l、l、o 写入文件指针的当前位置。

💡提示

字符串的结束标志'\0'不写入文件。

2. fgets()函数

作用：从一个文件中读取一个字符串。

格式：**fgets(字符数组，字符数，文件型指针变量)**

例：`fgets(str,n,fp);`

从 fp 指向的文件的当前位置开始读取 n-1 个字符,并加上字符串结束标志'\0'一起放入字符数组 str 中。如果从文件读取字符时遇到换行符或文件结束标志 EOF，读取结束。函数返回值为字符数组 str 的首地址。

💡提示

从当前位置开始读取 n-1 个字符，并加上字符串结束标志'\0'一起放入字符数组 str 中。

M9-2-2：文件的字符串读写

```c
#include<stdio.h>
main( )
{
    FILE *fp1,*fp2;
    char str[128];
    if ((fp1=fopen("test1.txt","r"))==NULL)
```

```
    {
        printf("cannot open file\n");
    exit(0);
    }
    if((fp2=fopen("test2.txt","w"))==NULL)
    {
        printf("cannot open file\n");
     exit(0);
    }
    while ((strlen(fgets(str,128,fp1)))>0)
    {
     fputs(str,fp2 );
    printf("%s",str);
    }
}
```

三、文件的格式化读写

1．fprintf()函数

作用：按照格式要求将数据写入文件。

格式：fprintf(文件型指针变量，格式控制，输出表列);

例：`fprintf(fp,"%ld,%s,%5.1f",num,name,score);`

它的作用是将变量 num、name、score 按照%ld、%s、%5.1f 的格式写入 fp 指向的文件的当前位置。

 提示

可对照 printf()和 scanf()函数。

2．fscanf()函数

作用：按照格式要求从文件中读取数据。

格式：fscanf(文件型指针变量，格式控制，输入表列);

例：`fscanf(fp,"%ld,%s,%5.1f",&num,&name,&score);`

它的作用是从 fp 指向的文件的当前位置开始，按照%ld、%s、%5.1f 的格式取出数据，赋给变量 num、name 和 score。

四、数据块的文件读写操作

1．fwrite()函数

作用：将成批的数据块写入文件。

格式：fwrite（写入文件的数据块的存放地址，一个数据块的字节数，数据块的个数，文件型指针变量）;

操作成功，则返回值为实际写入文件的数据块的个数。

例：已知一个 int 类型的数组 stu[20]，则语句 fwrite(stu,2,2,fp);表示将数组 stu 中 2 块大小为 2 字节的数据写入到 fp 所指向的文件中。如果操作成功，函数的返回值为写入的数据块数量，即为 2。

2．fread()函数

作用：从文件中读出成批的数据块。

格式：fread（从文件读取的数据块的存放地址，一个数据块的字节数，数据块的个数，文件型指针变量）；

同样，如果函数 fread()操作成功，则返回值为实际从文件中读取数据块的个数。

 提示

fwrite()和 fread()函数读写文件时，只有使用二进制方式，才可以读写任何类型的数据。

五、其他常用函数

在 C 程序中，对文件的操作不仅包含以上函数，还提供了其他的函数，如文件定位函数、文件结束判断函数等。

1．feof()函数

作用：检测文件指针是否已经指到了文件最后的结束标志 EOF。

格式：feof(文件型指针变量)；

如果文件指针指向结束标志 EOF，则函数返回一个非零值，否则返回 0 值。

2．rewind()函数

作用：文件指针重新指向文件的开始位置。函数无返回值。

格式：rewind(文件型指针变量)；

例：rewind(fp)；

fp 是一个指向文件的指针，执行该语句后，fp 指向文件的开始位置，即文件的第一个数据。

M9-2-3：rewind()使用

```
#include <stdio.h>
void main()
{
    FILE *fp1,*fp2;
    fp1=fopen("e:\\abc.txt","r");
    fp2=fopen("e:\\abcd.txt","w");
    while(!feof(fp1))
     putchar(getc(fp1));
    rewind(fp1);
    while(!feof(fp1))
    putc(getc(fp1),fp2);
    fclose(fp1);
    fclose(fp2);
}
```

3．fseek()函数

fseek()函数使文件指针变量指向文件的任何一个位置，实现随机读写文件。它调用的形式为：

格式：fseek（文件型指针变量，偏移量，起始位置）；

函数 fseek()将以文件的起始位置为基准，根据偏移量往前或往后移动指针。其中偏移量是一个长整型数，表示从起始位置移动的字节数，正数表示指针往后移、负数表示指针往前移。起始位置用数字 0、1、2 或者用名字 SEEK_SET、SEEK_CUR、SEEK_END 代表文件开始、文件当前位置和文件结束位置。如果指针设置成功，返回值为 0，否则为非 0 值。

M9-2-4：fseek( )使用

```
#include"stdio.h"
void  main()
{
    FILE *fp;
    char filename[80];
    long length;
    gets(filename);
    fp=fopen(filename,"rb");
    if(fp==NULL)
        printf("file not found!\n");
    else
    {
      fseek(fp,0L,SEEK_END);
      length=ftell(fp);
      printf("Length of File is %d bytes\n",length);
       fclose(fp);
    }
}
```

实践向导

第一步：创建文件指针

```
FILE *fp;
```

第二步：打开文件

该文件为文本文件，采用读的方式可将其内容读取出来。

```
fp=fopen("E:\\answerr.txt","r");
```

第三步：读出文件中的答案

由任务可知，该英语选择题的答案总共有 30 题，适合用文件的字符串读取操作来实现。

```
char str[31];
fgets(str,31,fp);
```

第四步：关闭文件，并显示读出数据的内容

```
fclose(fp);
puts(str);
```

参考程序：（P9-2-1.c）

```
#include<stdio.h>
main()
{
FILE *fp;
char str[31];
if((fp=fopen("E:\\answer.txt","r"))!=NULL)
{
    fgets(str,31,fp);
```

```
    }
    fclose(fp);
    puts(str);
    }
```

▌▌ 小试牛刀

1. 下面程序实现将键盘输入的字符写入到文件"test.txt"中，直至遇到回车为止。（P9-2-2.c）

```
#include"stdio.h"
    main()
{FILE *fp;
char ch;
if((fp=_____)==NULL))
{printf("can not open file,press any key to exit!");
exit(0);}
do
{ ch=getchar();
_____;
}while(ch!='\n');
fclose(fp);
    }
```

2. 若文本文件 file.txt 的内容原为：hello，则运行以下程序后 file.txt 的内容是什么？（P9-2-3.c）

```
#include<stdio.h>
main()
{
FILE *f;
f=fopen("file.txt","w");
fprintf(f,"abc");
fclose(f);
    }
```

file.txt 的内容是_____

3. 运行以下程序后，d3.dat 的内容是什么？（P9-2-4.c）

```
#include<stdio.h>
main()
{
FILE *fp;
int i,a[6]={1,2,3,4,5,6};
fp=fopen("d3.dat","wb+");
fwrite(a,sizeof(int),6,fp);
fseek(fp,sizeof(int)*3,SEEK_SET);
fread(a,sizeof(int),3,fp);
fclose(fp);
for(i=0;i<6;i++)
printf("%d,",a[i]);
    }
```

d3.dat 的内容是_____

4. 运行以下程序后"test.dat"的内容是什么？（P9-2-5.c）

```c
#include<stdio.h>
main()
{
FILE *fp;
char s1[]="china",s2[]="beijing";
fp=fopen("test.dat","wb+");
fwrite(s2,7,1,fp);
rewind(fp);
fwrite(s1,5,1,fp);
fclose(fp);
}
```

test.dat 的内容是_____

5. 已有文本文件"test.txt"，其中内容为："hello,everyone!"。以下程序中，文件"test.txt"已为读而正确打开，则程序的输出结果是什么？（P9-2-6.c）

```c
#include<stdio.h>
main()
{
 char str[40];
FILE *fv;
fv=fopen("test.txt","r");
fgets(str,5,fv);
puts(str);
fclose(fv);
}
```

该程序的输出结果为_____

项目小结

在实施项目过程中，我们学习了文件方面的相关操作，涉及如下两个方面的内容。

1．涉及的知识

（1）文件的概念；

（2）文件指针的内涵；

（3）文件打开与关闭函数的一般格式；

（4）文件读写函数各自的内涵和适用场合；

（5）其他文件常用函数的内涵。

2．掌握的技能

（1）能够定义文件指针并指向相应文件；

（2）能够打开和关闭文件；

（3）能够对文件实施相应的读写操作。

挑战自我

将自然数 1～10 的平方写到名为"d:\\mydoc3.txt"的文件中，同时按顺序显示在屏幕上

（P9-3-1.c）。

▌ 项目评价

1．根据本项目各个任务及其"小试牛刀"、"挑战自我"等完成情况，其难易感觉是：

任　　务	☺	☺	☹
任务一：文件的打开与关闭			
任务二：文件的读写操作及常用函数			
挑战自我			
统计结果（单位：次）			

2．根据本项目各个任务的完成情况，对照"观察点"列举的内容，进行自评或互评。"观察点"内容可视实际情况在教师引导下拓展。

观　察　点	☺	☺	☹
正确理解文件的概念			
能够正确的打开和关闭文件			
能使用合适的文件读写函数对文件进行相应读写操作			
了解常用的文件操作操作函数			
能够利用以上操作对文件进行综合操作			
统计结果（单位：次）			

3．根据本项目完成过程中，对照小组合作情况，进行自评或互评。"观察点"内容可视实际情况在教师引导下拓展。

观　察　点	☺	☺	☹
学习态度：态度端正，积极参与，自然大方			
交流发言：语言精心组织，表达清晰有序，声音洪亮			
回答问题：能够随机应变，正确回答提问			
团队合作：小组成员积极参与，相互帮助，配合默契			
任务分配：小组成员都在任务完成中扮演重要角色			
任务完成：通过小组努力，共同探究，较好完成任务			
个人表现：在任务实施过程中努力为小组完成任务积极探索			
统计结果（单位：次）			

项目十　变量类别与编译预处理

项目引言

俗话说"国有国法，家有家规"，每个国家都有不同的法律法规，而各省、市、自治区又会根据需要制定地方的法律法规。这些法律法规可以重复，可以相同，也可以不同。所以每个法律都有一个作用的范围，超过范围将失去效力。C 语言中的变量根据类别也分为不同的作用域，使用过程中需要灵活使用。

为了提高编程效率，增强程序的通用性，通常会采用一些预处理命令，但它并不是 C 语言本身的组成部分，由预处理程序负责完成。C 语言提供的预处理命令主要有：宏定义、文件包含和条件编译。

本项目主要内容有：

◇　任务一：全局变量和局部变量
◇　任务二：变量存储类型
◇　任务三：编译预处理

任务一　全局变量和局部变量

学习目标

1. 理解全局变量、局部变量的特点；
2. 掌握全局变量、局部变量的定义；
3. 理解全局变量的应用。

任务下达

判断程序运行的结果（P10-1-1.c）

```c
# include "stdio.h"
int a=30, b=40;
fun(int x, int y)
{
    a=x;
    x=y;
    y=a;
}
void main( )
{
    int c=15, d=25;
    fun(c,d);
    printf("%d, %d, %d, %d\n",a,b,c,d);
    fun(b,a);
```

```
    printf("%d, %d, %d, %d\n",a,b,c,d);
    }
```

▌知识链接

在前面的项目中，程序由一个或多个函数组成，而函数中都会包含一些变量，这些变量有可能会同名，有可能会在不同函数中使用，它们之间是否会相互影响？

其实，这涉及一个变量的作用域问题，每一个变量都有一个作用域。

一、局部变量

在函数内部定义的变量称为局部变量，它只在定义它的函数内部有效，对此以外的函数不能使用它。就算两个函数中的变量同名，也不会相互影响。

如：

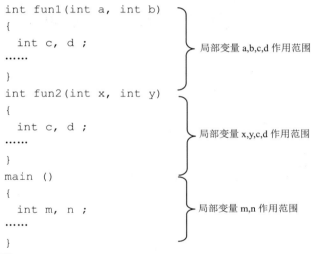

说明：

主函数中的变量 m，n 只在 main 中有效，在 fun1 和 fun2 中无效，主函数也无法使用其他函数中定义的局部变量。

不同函数可以定义同名变量，如 fun1 中变量 c，d 与 fun2 中的变量 c，d，它们在内存中占不同的单元，代表不同对象，互不干扰。如计算机 1 班李小静与计算机 2 班李小静，在各班点名互不影响。

形参也是局部变量，只能在所定义函数中有效。

在一个函数内部，可以在复合语句中定义变量，这个变量只在复合语句内有效，复合语句之外的范围无效。复合语句也称为"分程序"。如：

二、全局变量

在函数内部定义的变量是局部变量，在函数外部定义的变量是全局变量（外部变量）。一个源程序包含一个或多个函数，全局变量不属于哪一个函数，它属于一个源程序文件。其作用域范围为从定义变量的位置开始到整个源程序结束。

全局变量的定义

一般形式为：

[extern] 类型说明符 变量名，变量名…

其中方括号内的 extern 可以省去不写。

如：

```
int p=1,q=2;    /*extern 省略*/
int fun1(int a, int b)
{
  int c, d ;
......
}
int m=3,n=4;
main ()
{
  int j, k ;
......
}
```

全局变量 p，q 作用范围

全局变量 m，n 作用范围

注意

全局变量作用域范围为从定义变量的位置开始到整个源程序结束，故全局变量 m，n，p，q 范围不同。

提示

全局变量主要用于不同函数间数据的传递。

具体体现在两方面：一是解决函数只有一个返回值的问题，通过将结果保存在全局变量中，可以使函数得到多个执行结果；二是减少函数参数的调用，函数可以直接使用全局变量的数据。

M10-1-1：输入某学生期末考试五门课的成绩，自定义函数，输出最高分、最低分和平均分。

```
# include "stdio.h"
float max=0, min=0;
float avg(float a[ ], int n)
{
  int i;
  float sum=0;
  max= min= a[0];
  for (i=0;i<n;i++)
  {
    sum+=a[i];
    if(a[i]<min) min=a[i];
    if(a[i]>max) max=a[i];
  }
      return(sum/n);
}
```

```
void main( )
{
    float cj[5],ave;
    int i;
    for(i=0;i<5;i++)
    scanf("%f",&cj[i]);
    ave=avg(cj,5);
    printf("%f, %f, %f",max,min,ave);
}
```

有时会出现全局变量与局部变量重名的情况，如下列程序。

M10-1-2：判断程序运行结果

```
# include "stdio.h"
int a=1,b=2;
int min (int a, int b)
{  int c;
   c=a<b? a:b;
   return(c);
}
void main( )
{  int a=4;
   printf("min=%d",min(a,b));
}
```

程序执行过程：

主函数中调用 min 函数，局部变量 a（值为 4）屏蔽全局变量 a（值为 1），全局变量 b 有效，分别传递实参 4,2 给形参。

min 函数中形参（局部变量）a，b 接受实参的值，条件表达式判断 c 的结果为 2。

全局变量使用说明：

（1）全局变量在程序的全部执行过程中占用内存单元，定义可赋初始值。

（2）在同一程序中，允许局部变量和全局变量同名。在局部变量的作用域内，全局变量不起作用。

（3）全局变量加强函数模块之间的数据联系，任何函数都可以修改全局变量的值，使得函数的独立性降低。从模块化程序设计来看不利，因此在不必要时尽量不要使用全局变量。

注意

当局部变量与全局变量重名时，在局部变量作用范围内，局部变量有效，全局变量被"屏蔽"。

实践向导

第一步：分析程序，判断变量的作用域

全局变量 a，b

局部变量 c，d，x，y

第二步：分析程序执行过程

1. 调用 fun 函数

```
fun(c,d);
```

程序由主函数跳转到被调函数 fun，同时实参 c，d 的值传递给形参 x，y，即 x=c，y=d。

```
fun(int x, int y)
{a=x;
 x=y;
 y=a;
}
```

全局变量 a 的值被改变，局部变量 c，d 不受影响。

2．调用 fun 函数

```
fun(b,a);
```

程序由主函数跳转到被调函数 fun，同时实参 b，a 的值传递给形参 x，y，即 x=b，y=a。

```
fun(int x, int y)
{a=x;
 x=y;
 y=a;
}
```

全局变量 a 的值被改变。

程序运行结果：

```
15,40,15,25
40,40,15,25
```

小试牛刀

1．判断程序运行结果（P10-1-2.c）

```
# include "stdio.h"
int a=3,b=5;
int fun(int x, int y)
{
    int z;
    z=x+y;
    return z;
}
void main( )
{
    int a=4, b=6, c;
    c=fun(a, b);
    printf("A+B=%d",c);
}
```

2．判断程序运行结果（P10-1-3.c）

```
# include "stdio.h"
int m=3,n=5;
int fun(int x, int y)
{
    int z;
    z=x+y+m;
    return z;
}
void main( )
{
```

```
        int m=4, n=6, c;
        c=fun(n, m);
        printf("A+B=%d",c);
    }
```

3. 判断程序运行结果（P10-1-4.c）

```
    # include "stdio.h"
    int x=5;
    int fun( )
    {
        int x=3;
        x=x+1;
        return x;
    }
    void main( )
    {
        int a=2,b=9;
        x=a;
        a=fun( );
    {
      int b=1;
        b=a-b;
        x=x+b;
    }
        printf("%d,%d,%d",a,b ,x);
    }
```

4. 采用全局变量，输入圆柱体的半径和高，输出圆柱体的体积和表面积（P10-1-5.c）

任务二　变量存储类型

▌学习目标

1. 理解 C 语言变量的各种存储类型的特点；
2. 掌握 C 语言变量的各种存储类型的使用；
3. 理解 C 语言变量的各种存储类型的存储形式。

▌任务下达

判断程序运行的结果（P10-2-1.c）

```
    # include "stdio.h"
    int fun(int n)
    {
        static int k, s;
        n--;
        for(k=n;k>0;k--)
            s+=k;
        return s;
    }
```

```
void main( )
{
    int k;
    k=fun(6);
    printf("%d, %d",k,fun(k));
}
```

▌ 知识链接

从变量的作用域可将变量分成全局变量和局部变量。从变量的生存期来看，有的变量在程序运行的整个过程都占用存储单元(如全局变量)，而有些变量则只是临时分配存储单元(如形参)，使用结束后存储单元立刻释放，变量不再存在。所以变量的存储类型有两种方式：静态存储方式和动态存储方式。

生存期和作用域分别从时间和空间这两个不同的角度来描述变量的特性，这两者既有联系，又有区别。一个变量究竟属于哪一种存储方式，并不能仅从其作用域来判断，还应有明确的存储类型说明。在 C 语言中，对变量的存储类型说明有以下四种：

auto   自动变量
static   静态变量
register   寄存器变量
extern   外部变量

自动变量和寄存器变量属于动态存储方式，外部变量和静态变量属于静态存储方式。在介绍了变量的存储类型之后，可以知道对一个变量的说明不仅应说明其数据类型，还应说明其存储类型。因此变量说明的完整形式应为：

存储类型说明符 数据类型说明符 变量名

针对不同的存储类型内存中供用户使用的存储空间分成 3 部分：

- 程序区
- 静态存储区
- 动态存储区

一、自动变量 auto

函数的局部变量，如果不专门声明为 static 静态存储类型，都默认为自动变量，即动态的分配存储空间，存储空间为内存中的动态数据区。如函数体内或者复合语句内定义的局部变量、函数的形参都属于自动变量。

```
int fun( int x )
{
    auto int a,b,c;
    ......
}
```

形参 x，局部变量 a，b，c 均为自动变量，执行完 fun 函数后自动释放 x，a，b，c 的动态存储单元。存储类型说明符 auto 可以省略。

自动变量的特点是当程序执行到自动变量的作用域时，才为自动变量分配存储空间，并且定义自动变量的函数执行结束后，程序将释放该自动变量的存储空间，留给其他自动变量使用。

二、静态局部变量 static

有时需要将局部变量的值保留下来以便下次使用，类似全局变量，此时需要长期占用存储单元，即存储空间为内存中的静态数据区，直到整个程序运行结束才释放。局部变量只有定义时加上存储类型说明符 static，才为静态局部变量。

所有的全局变量都是静态变量，静态变量的特点是在程序的整个执行过程中始终存在，即静态变量的生存期就是整个程序的运行期。

M10-2-1：判断程序的运行结果

```
# include "stdio.h"
int fun(int n)
{  static int k=5;
   auto int  b=2;
   b+=n;
   k+=b;
   return k;
}
void main( )
{  int i;
   for(i=1;i<4;i++)
       printf("%d\n", fun(i));
}
```

程序运行结果为：

```
8
12
17
```

分析比较自动变量 b 与静态局部变量 k 的区别。

程序过程分析：

	调用时初值			调用结束值		
	n	b	k	n	b	k
第一次	1	2	5	1	3	8
第二次	2	2	8	2	4	12
第三次	3	2	12	3	5	17

静态局部变量与自动变量的比较：

（1）静态局部变量在静态存储区分配存储单元，在整个程序运行期间都不释放，而自动变量在动态存储区分配存储单元，函数调用结束后立即释放。

（2）静态局部变量和自动变量都是局部变量，其作用域只是在定义的函数内使用，超过作用域变量无效，故不能被其他函数使用。这也是静态局部变量与全局变量的主要区别。

（3）定义局部变量时不赋初值，对于静态局部变量编译时会自动赋初值为 0（数值型变量）或'\0'（字符型变量），而自动变量则为一个不确定的值。

（4）定义局部变量赋初值，对于静态局部变量只在编译时赋初值，后续函数调用时不再重新赋初值，而是保留上次函数调用后的值。对于自动变量则是每次调用时都会重新赋初值。

分析比较自动变量 b 与静态局部变量 k 的区别。

判断程序的运行结果

```
# include "stdio.h"
fun( )
{  static int k=5;
   auto int  b=2;
   b+=k;
   k+=b;
   printf("%d,%d\n",b,k);
}
void main( )
{  int i;
   for(i=1;i<3;i++)
   fun( );
}
```

程序运行结果为：

```
7,12
14,26
```

局部静态变量的作用域为所定义的函数内，一般需要在多次函数调用时保留上一次函数调用结果，可使用局部静态变量。但是因占用内存时间较长，可读性差，尽量避免使用。

三、寄存器变量 register

一般情况下，变量的值存放于内存中，在程序运行中有一些变量会多次使用，为了提高运算速度，可将一些频繁使用的局部变量的值存放在 CPU 的寄存器中，因为 CPU 对寄存器的存取速度要远高于对内存的存取速度。这种变量称为寄存器变量。存储类型说明符为 register。

如 register int a;

由于现在优化的编译系统能够自动识别使用频繁的变量，从而自动存放到寄存器中，无需程序设计者指定。

四、用 extern、static 声明的全局变量

全局变量都是存放在静态存储区中，一般来说其作用域是从定义处开始至程序结束。在此范围内的所有函数均可调用全局变量。但其作用域并不是无法改变的，通过全局变量声明可以改变其作用域，一般有三种可能。

全局变量的定义和说明比较：

（1）全局变量只能定义一次，且必须在所有的函数之外。而全局变量说明可以出现在超出作用域范围要使用该全局变量的各个函数内，如 fun2 和 main 函数。在整个程序内，可能出现多次。

（2）全局变量定义时可赋初值，而全局变量说明不可赋初值，只是表明在函数内要使用该全局变量。

1. 在一个文件内扩展全局变量的作用域

全局变量的有效作用范围仅限于定义处到文件结束。如果全局变量定义的位置不在文件开头时，超过作用域的程序如需使用全局变量可通过关键字"extern"作全局变量声明，表示将该全局变量的作用域扩展到此位置。

M10-2-2：判断程序的运行结果

```c
# include "stdio.h"
void main( )
{ int fun2( int x );  /*函数声明*/
  int fun1( int y );  /*函数声明*/
  extern b;   /*全局变量声明，将其作用域扩展至此*/
  fun1( b );
  fun2( b );
}
fun2( int x )
{ extern b;   /*全局变量声明，将其作用域扩展至此*/
  x++;
  b++;
  printf("%d,%d\n",b,x);
}
int b=3;        /*全局变量定义*/
fun1( int y )
{ y++;
  b++;
  printf("%d,%d\n",b,y);
}
```

程序运行结果为：

```
4，4
5，5
```

2．将全局变量作用域扩展到其他文件

如果一个 C 程序由多个源程序组成，其中几个文件需要用到同一个全局变量时，只要在其他源程序文件中说明该全局变量为 extern 即可。

M10-2-3：判断程序的运行结果

文件 f1.c 内容：

```c
# include "stdio.h"
extern b;                /*声明b为一个已定义的外部变量*/
void main( )
{ int fun1( int y );     /*函数声明*/
  fun1( b +2);
}
```

文件 f2.c 内容：

```c
int b=3;                 /*定义全局变量*/
fun1( int y )
{ y++;
  b++;
  printf("%d,%d\n",b,y);
}
```

3．限制全局变量作用域在本文件中

如果希望全局变量仅限于一个源程序文件内使用，只要在该全局变量定义的类型说明符前加 static。

M10-2-4：判断程序运行的结果

文件 f1.c 内容：

```
# include "stdio.h"
extern b;                    /*声明 b 为一个已定义的外部变量*/
void main( )
{  int fun1( int y );        /*函数声明*/
   fun1( b +2);
}
```

文件 f2.c 内容：

```
static int b=3;              /*定义全局变量*/
fun1( int y )
{  y++;
   b++;
   printf("%d,%d\n",b,y);
}
```

程序调试提示出错！

实践向导

第一步：分析程序，判断变量的作用域

```
# include "stdio.h"
int fun(int n)
{  static int k, s;
   n--;
   for(k=n;k>0;k--)           静态局部变量 k, s 作用范围
        s+=k;
   return s;
}
void main( )
{  int k;
   k=fun(6);                  局部变量 k 作用范围
   printf("%d, %d",k,fun(k));
}
```

第二步：分析程序执行过程

1. 调用 fun 函数

```
k=fun(6);
```

程序由主函数跳转到被调函数 fun，n=6,s 初值为 0。

fun 函数结束 s=5+4+3+2+1=15, k=0,

return s 返回主函数，主函数中 k=15。

2. 调用 fun 函数

```
fun(k);
```

程序由主函数跳转到被调函数 fun，n=15，s 初值为 15。

fun 函数结束 s=15+14+13+……+2+1=120, k=0,

return s 返回主函数。

程序运行结果：

15，120

小试牛刀

1. 判断程序运行结果（P10-2-2.c）

```
# include "stdio.h"
int fun( int x )
{ static int s;
  int i;
  for(i=0;i<x;i++)
    s+=i;
  return s;
}
void main( )
{ printf("%d",fun(2)+fun(3));
}
```

2. 判断程序运行结果（P10-2-3.c）

```
# include "stdio.h"
int m=3 ;
int fun( int x )
{ static int i=5;
  x=x+i++;
  return x;
}
void main( )
{ m+=fun( m )
  printf("%d", m );
}
```

3. 判断程序运行结果（P10-2-4.c）

```
# include "stdio.h"
void fun( int x )
{ static int i=5;
  printf("%d", i );
  i+=x;
}
void main( )
{ int i;
  for(i=1;i<5;i++)
      printf("%d", fun(i) );
}
```

4. 利用静态变量求 $s=1+2!+3!+\ldots\ldots+n!$（P10-2-5.c）

任务三　编译预处理

学习目标

1. 理解宏定义的含义和作用；

2. 掌握不带参数和带参数的宏定义；

3. 掌握文件包含的作用和使用方法；

4. 了解条件编译的功能。

▌▌ 任务下达

判断程序运行的结果（P10-3-1.c）

```
# include "stdio.h"
# define X 2
# define fun(i) X*i*i
void main( )
{   int c=1, d=2;
    printf("%d \n", fun(c+d));
}
```

▌▌ 知识链接

为了提高编程效率，通常会采用一些预处理命令，但它并不是 C 语言本身的组成部分，由预处理程序负责完成。当对一个源文件进行编译时，系统将自动引用预处理程序对源程序中的预处理部分作处理，处理完毕后对源程序进行编译，得到可供执行的目标代码。C 语言提供的预处理命令主要有：宏定义、文件包含和条件编译。

一、宏定义

1. 不带参数的宏定义

一般形式为：

    #define 标识符 字符串

在编译预处理时，将源程序中所有标识符替换成指定的字符串。

M10-3-1：定义一个产品的单价

```
#include<stdio.h>
#define X  (y*y+5*y)
void main( )
{
    int s,y;
    scanf("%d",&y);
    s=5*X+10*X;
    printf("s=%d\n",s);
}
```

编译预处理时将 X 替换为(y*y+5*y)，则 s=5*(y*y+5*y) +10*(y*y+5*y)。

程序运行结果为：210。

注意

若上述宏定义中省略括号，变成#define X   y*y+5*y。

编译预处理时将 X 替换为 y*y+5*y，   s=5*y*y+5*y + 10*y*y+5*y。

程序运行结果为：80。

无参数的宏定义使用注意事项：

（1）宏名一般用大写字母，以便与变量名区别。

（2）在编译预处理时宏定义的宏名与字符串只进行简单的替换，不作语法检查。

（3）标识符与字符串之间无等号，宏定义不是 C 语句，结束也无分号，加了分号会连分号一起置换。

（4）宏名的有效范围是从定义位置到文件结束。如果需要终止宏定义的作用域，可以用 #undef 命令。如：

```
#define X  (y*y+5*y)
void main()
{  ……  }
# undef X
fun1( )
{  ……  }
```

表示 X 只在 main 函数中有效，在 fun1 中无效。

（5）对程序中用双引号扩起来的字符串内的字符，不进行宏的替换操作。

（6）宏定义时可以引用已经定义的宏名。

M10-3-2：判断程序运行的结果

```
#include<stdio.h>
#define X  ( y*y+5*y )
#define A  ( X+5 )
#define B  ( A+5 )
void main( )
{  int y;
   scanf("%d",&y);
   printf("5B=%d\n",5*B);
}
```

宏替换结果为 5B=5*(((y*y+5*y)+5)+5)

如果输入 2，则输出结果为 5B=120

2．带参数的宏定义

一般形式为：

```
#define 标识符(参数表) 字符串
```

在编译预处理时，将源程序中所有标识符替换成字符串，并且将字符串中的参数用实际使用的参数替换。

M10-3-3：判断程序的运行结果

```
#include<stdio.h>
#define X  0.5
#define  S(a,b) X*a*b
void main( )
{  int c,d;
   scanf("%d, %d ",&c,&d);
   printf("面积=%d\n", S(c,d));
}
```

如果输入 2，5 则结果为：面积=5

带参数的宏定义使用注意事项：

（1）在宏定义时，宏名和参数之间不能有空格。

（2）对带参数的宏进行展开时，宏名后的实参字符串会替换定义的形参。如 S(c,d)会被 X*c*d 替换。

二、文件包含

"文件包含"用于一个源文件包含另外一个源文件的全部内容。其一般形式为：

```
#include <文件名>
```

或者

```
#include "文件名"
```

文件名用尖括号，系统将到包含 C 语言库函数的头文件所在的目录中寻找文件。文件名用双引号，系统先在当前目录下寻找文件，若找不到，才到 C 语言库函数的头文件所在的目录中查找。为了节省时间，调用库函数用尖括号，调用自己编写的文件，则用双引号，书写时根据实际情况选择。

文件包含可使编程重复的部分独立出来，也便于统一修改，解决了程序设计者的重复劳动，在各种编程中都广泛应用。

M10-3-4：file1.c 与 file2.c 都包含文件 file0.c

1. 将格式宏做成头文件 file0.c

```
#define PR  printf
#define SC  scanf
#define F   %f
#define D   %d
#define PI  3.14
```

2. file1.c 文件

```
#include <stdio.h>
#include "file0.h"
void main( )
{   int c,d;
    SC("D, D ",&c,&d);
    PR("面积=D\n", c*d);
}
```

3. file2.c 文件

```
#include <stdio.h>
#include "file0.h"
void main( )
{   float r;
    SC("F ",&r);
    PR("面积=F\n", PI*r*r);
}
```

file1.c　　　　　　　file0.h　　　　　　　file1.c

#include "file0.c"

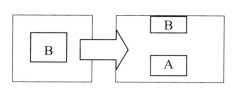

文件包含注意事项：

（1）一个#include 命令只能包含一个文件，包含多个文件需要多个#include 命令。

（2）文件包含可以嵌套，如上例在 file2.c 中修改#include "file0.h" 为#include "file1.h"，则 file2.c 可同时调用文件 file1.c 和 file0.c。

（3）常用在文件的头部作为"标题文件"或"头文件"的包含文件，常以".h"为后缀（h 为 head 缩写）。

注意

编译时并不是对调用的文件分别进行编译，而是经过预处理将调用文件包含到主文件中，得到一个新的源程序进行编译。

三、条件编译

预处理程序提供了条件编译的功能。条件编译即对一部分程序满足条件时才进行编译，也可按不同的条件去编译不同的程序部分，因而产生不同的目标代码文件。这样可以提高 C 程序的通用性。

条件编译在中职大纲中并未要求，故此处只做简单介绍。

条件编译有三种形式：

1. #ifdef 标识符

```
        程序段 1
#else
        程序段 2
#endif
```

功能：若指定的标识符已被#define 命令定义过，则编译程序段 1；否则编译程序段 2。同分支语句一样，#else 可以省略，即可写成：

```
#ifdef 标识符
        程序段 1
#endif
```

2. #ifndef 标识符

```
        程序段 1
#else
        程序段 2
#endif
```

功能：若指定的标识符未被#define 命令定义过编译程序段 1，否则编译程序段 2。与第一种形式的区别是将"ifdef"改为"ifndef"，功能正好相反。如：

```
#ifdef  LANGUAGE
    #define  L  0
#else
    #define  L  1
#endif
```

说明：如果该条件编译之前曾定义标示符 LANGUAGE，则 L 为 0，否则为 1，起到统一控制的作用，如同开关一样。

3. #if 表达式

```
        程序段 1
#else
        程序段 2
#endif
```

功能：若指定表达式的值为真(非 0)，编译程序段 1，否则编译程序段 2。因此可以使程序在不同条件下，完成不同的功能。

条件编译与分支语句区别：

使用 if 语句将会对整个源程序进行编译，生成的目标代码程序较长，而采用条件编译，则根据条件只选择编译程序段，生成的目标程序较短。当程序较复杂时其优越性即可体现出来。

M10-3-5：输入一行字符串，根据条件判断，将小写字母全改为大写字母或将大写字母改成小写字母。

```c
# include <stdio.h>
# include <string.h>
# define FLAG 0
void main( )
{   int i;
char str1,str2[30]="Happy New Year!";
    for(i=0;i<strlen(str2);i++)
    {  str1=str2[i];
      # if  FLAG
        if( str1>= 'A' && str1<='Z')
             str1+=32;
      # else
        if( str1>= 'a' && str1<='z')
             str1-=32;
      # endif
      printf("%c",str1);
    }
}
```

因"开关"FLAG 设置为 0，则小写字母转换为大写，若 FLAG 设置为 1，则大写字母转换为小写。

▌ 实践向导

第一步：分析程序，识别宏定义标识符、字符串

```c
# define X 2
# define fun(i) X*i*i
```

第二步：分析实参字符串替换定义的形参过程

```c
fun(c+d);
```

实参字符串 c+d 替换定义的形参 i，得出 X*c+d*c+d。

程序运行结果：6

注意：若程序改成：

```c
# include "stdio.h"
# define X 2
```

```
# define fun(i)  X*(i)*(i)
void main( )
{  int c=1, d=2;
   printf("%d \n", fun(c+d));
}
```
或
```
# include "stdio.h"
# define X 2
# define fun(i)  X*i*i
void main( )
{  int c=1, d=2;
   printf("%d \n", fun((c+d)));
}
```
程序运行结果：18

小试牛刀

1. 判断程序的运行结果（P10-3-2.c）
```
# include "stdio.h"
# define PFH(a,b)  a*a+b*b
# define PFC(a,b)  a*a-b*b
void main( )
{  int x=2, y=3;
   printf("%d \n", PFH(x,y));
   printf("%d \n", PFC(x,y));
}
```
2. 判断程序的运行结果（P10-3-3.c）
```
# include "stdio.h"
# define PR(a) printf("%d\n",a*a)
# define PF (a,b)  PR(a-b); PR(a+b)
void main( )
{  int x=2, y=3;
   PF (x,y);
}
```
3. 定义头文件 head.h，宏定义圆柱体的体积和表面积，在 file1.c 中调用头文件，输入半径，输出该圆柱体的体积和表面积（P10-3-4.c）

4. 利用条件编译，输入一个两位数，选择函数功能是素数判断还是完全平方数判断。（P10-3-5.c）

项目小结

本项目我们学习了全局变量和局部变量、变量的存储类别和编译预处理有关内容，由三个任务依次展开，项目要求如下：

1. 涉及的知识

（1）理解变量的作用域和生存期；

（2）理解 C 语言变量的各种存储类型、存储形式；

（3）理解宏定义、文件包含的作用；

（4）了解条件编译的作用。

2．掌握的技能

（1）掌握全局变量、局部变量的定义；

（2）掌握 C 语言变量的各种存储类型的应用；

（3）掌握应用不带参数和带参数的宏定义及应用；

（4）掌握文件包含的应用。

▌▌挑战自我

判断程序的运行结果：（P10-4-1.c）

```c
# include "stdio.h"
int d=2;
int fun(int p)
{  static int d=5;
   int c=1;
   c++;
   d+=p*c;
   return(d);
}
void main( )
{  int i;
   for(i=0;i<3;i++)
   printf("%d\n",fun(d+fun(i)));
}
```

▌▌项目评价

1．根据本项目各个任务及其"小试牛刀"、"挑战自我"等完成情况，其难易感觉是：

任　　务	☺	☺	☹
任务一：全局变量和局部变量			
任务二：变量存储类型			
任务三：编译预处理			
挑战自我			
统计结果（单位：次）			

2．根据本项目各个任务的完成情况，对照"观察点"列举的内容，进行自评或互评。"观察点"内容可视实际情况在教师引导下拓展。

观　察　点	☺	☺	☹
理解变量的作用域和生存期			
掌握全局变量、局部变量的定义			
理解 C 语言变量的各种存储类型、存储形式			
掌握 C 语言变量的各种存储类型的应用			
理解宏定义、文件包含和条件编译的作用			

任 务	☺	☺	☹
掌握应用不带参数和带参数的宏定义及应用			
掌握文件包含的应用			
统计结果（单位：次）			

3. 根据本项目完成过程中，对照小组合作情况，进行自评或互评。"观察点"内容可视实际情况在教师引导下拓展。

观 察 点	☺	☺	☹
学习态度：态度端正，积极参与，自然大方			
交流发言：语言精心组织，表达清晰有序，声音洪亮			
回答问题：能够随机应变，正确回答提问			
团队合作：小组成员积极参与，相互帮助，配合默契			
任务分配：小组成员都在任务完成中扮演重要角色			
任务完成：通过小组努力，共同探究，较好地完成任务			
个人表现：在任务实施过程中努力为小组完成任务积极探索			
统计结果（单位：次）			

项目十一　精明的酒店老板——指针

项目引言

如果把数据交流中心——内存，比喻成地处交通要塞的酒店，那么武功高超的 C 程序员必须像精明的酒店老板，将自己各种档次的房间一一编号，灵活应对不同需求的客人，如种类繁多的单身汉（简单变量）、复杂多变的考察团（数组）、功能强大的工程队（函数）。

指针作为 C 语言中广泛使用的一种数据类型，可以表示前面学过的各种数据类型，可动态分配内存，可以像汇编语言一样处理内存地址，从而编出更加简洁、精练而高效的 C 语言程序。学习指针是 C 语言学习中最重要的一环，正确理解和使用指针是我们熟练掌握 C 语言的重要标志。

项目案例

某天，酒店外来了一名古怪的客人，声称自己从 1990 年 1 月 1 日起开始"三天打鱼两天晒网"。请老板你来计算一下，今天这位客人到底是要去"打鱼"还是要去入住酒店"晒网"？

本项目主要内容有：
◇　任务一、变量与指针
◇　任务二、数组与指针
◇　任务三、字符串与指针

任务一　变量与指针

学习目标

1．理解指针的涵义
2．熟练掌握指针变量的应用方法
3．会使用指针变量作函数参数

任务下达

某天，酒店入住三个单身汉整数 int。作为老板的你，需要在前台按其数值由大到小的顺序登记，以方便朋友来访和警察查房。如何处理？

知识链接

一、地址与指针

1．变量的地址

在计算机中，所有的数据都是存放在存储器中的，而计算机硬件系统又拥有大量的存储单元。为了便于管理，计算机系统将内存划分为若干基本存储单元（每个基本存储单元可存放 8 位二进制数，即 1 个字节），内存单元采用线性地址编码，每个单元具有唯一一个编号，这个存储单元的编号，就称为存储单元的"地址"。

通过前面章节的学习我们知道，源程序中定义的变量，在程序编译时就为这些变量分配相应的存储单元。例如：

```
int x;
float t;
x=10;
t=0.618;
```

为表述方便，假定经编译后系统给整型变量 x、实型变量 t 在内存中分配的存储单元如图 11-1-1 所示。

整型变量 x 占用起始编号为 1000 连续 2 个存储单元，实型变量 t 占用起始编号为 2000 连续 4 个存储单元等，在这里，1000 就是变量 x 的地址，2000 就是变量 t 的地址。根据存储单元的编号或地址就可以找到所需的内存单元，所以通常又把这个变量的地址称为变量的指针。请注意区分内存单元的指针和内存单元的内容这两个不同的概念，内存单元的指针即指该内存单元的地址，而其中存放的数据则是内存单元的内容。

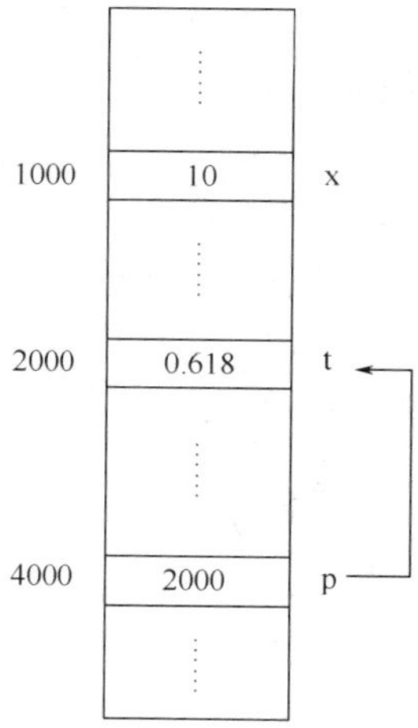

图 11-1-1　变量在内存中的存放情况

2．变量的访问方式

1）直接访问

如图 11-1，假设程序定义了整型变量 x，编译时系统分配 1000 和 1001 两个字节给变量 x。则执行 printf("x=%d\n",x)时，系统首先根据变量名与地址的对应关系(对应关系在编译时已经确定)，找到变量 x 的地址 1000，然后从由 1000 开始的两个字节中取出数据(即变量的值 10)，把它输出。在执行 scanf("%d\n"，&x)时，就把从键盘输入的值送到地址为 1000 开始的整型存储单元中。这种在编程时直接按变量名存取变量值的方式称为"直接访问"。

2）间接访问

如图 11-1-1，假设程序定义一个变量 p，该变量的地址为 4000，该变量的内容存放的是实型变量 t 的指针值 2000，则系统就可以先访问变量 p，得到 t 的内存单元地址 2000，再按地址 2000 存取其中的内容，从而得到 x 的值。这种通过另一变量存取变量值的方法称为"间接访问"。

想一想

1. 如何定义变量 p？
2. 如何获得变量 t 的地址？
3. 如何通过 p 访问变量 t？

3．指针变量

一个变量的地址称为该变量的指针，通过变量的指针能够找到该变量。在 C 语言中，允许定义一种变量专门存放其他变量的指针，这种变量称为指针变量。因此，一个指针变量的值就是某个内存单元的地址或指针。

图 11-1-2 中，设有字符变量 c，其内容为字符'K'(ASCII 码为十进制数 75)，占用了起始地址为 011A 的内存单元(地址用十六进数表示)。设有指针变量 p，其值为字符变量 c 的首地址 011A，此时我们称 p 指向变量 c，或称 p 是指向变量 c 的指针。

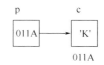

图 11-1-2　指向变量的指针变量

二、指针变量的定义与引用

1.指针变量的定义

指针变量的一般形式为：

    类型说明符 * 变量名；

对指针变量的定义包括三个内容：

（1）类型说明符：指针所指向的变量的数据类型；

（2）指针类型符"*"：定义的变量为一个指针变量；

（3）变量名：该指针变量的名称。

例如：

```
int * p1;          /*定义一个指向整型的指针变量 p1*/
char * p2;         /*定义一个指向字符型的指针变量 p2*/
float * p3;        /*定义一个指向单精度型的指针变量 p3*/
double * p4;       /*定义一个指向双精度型的指针变量 p4*/
```

🐓 **注意**

变量名的命名规则和普通变量的命名规则一样。

上述定义中，其中 p1 表示一个指针变量，它的值是某个整型变量的地址值，或者说 p1 指向一个整型变量。至于 p1 究竟指向哪一个整型变量，应由向 p1 赋予的地址来决定。

读者应注意以下几项：

● 指针变量定义后，变量值是随机的，引用前必须先有指向性。

● 指针变量只能存放地址，是一个以当前系统寻址范围为取值范围的无符号整数，但不要将整型常量（或其他非地址类型的数据）赋给指针变量。如"p=011A;"不合法。

● 一个指针变量只能指向同类型的变量。如 p3 只能指向单精度变量，不能指向其他类型的变量。

2.指针变量的引用

C 语言中提供了两个有关的运算符：

（1）&：取地址运算符。取地址运算符&是单目运算符，其结合性为自右至左，功能是取出变量在内存单元的首地址。在学习 scanf 函数时，我们已经了解并使用了&运算符。

（2）*：指针运算符。指针运算符*也是单目运算符，其结合性为自右至左，作用是表示指针变量所指向的变量。在*运算符之后跟的变量必须是指针变量。

💡 **提示**

注意理解区分指针运算符*和指针变量定义语句的指针说明符*不同涵义。

例如：&a 为变量 a 的地址，*p 为指针变量 p 所指向的存储空间。

关于运算符&和*的说明如下：

● 运算符&后面必须是内存中的对象（变量、数组元素等），不能是常量、表达式或寄存储器变量，如 p=&(k+1)是错误的。

● 运算符&后的运算对象类型必须与指针变量的基本类型相同。

```
int x,y,*p;
float z;
p=&z;            /*错误*/
```

● 运算符*、&是优先级相同的右结合的单目运算符。

如果已经执行了语句"int a,p=&a;"。则&*p 的运算方法，先进行*p 的运算，即取出变量 a 的值，再执行&运算。因此，&*p 与 p 相同，即表示变量 a 的地址。而*&a 的运算方法，先进行&a 运算，得到 a 的地址，再进行*运算。因此*&a 与 a 相同，即表示 a 的值。

M11-1-1 通过指针变量访问整型变量。

```
#include <stdio.h>
main()
{ int a=5,b=10;
  int *p1,*p2;
  p1=&a;                /*把变量 a 的地址赋给 p1*/
  p2=&b;                /*把变量 b 的地址赋给 p2*/
  printf("%d,%d\n",a,b);
  printf("%d,%d\n",*p1,*p2);
}
```

程序运行结果：

```
5,10
5,10
```

M11-1-2 指针变量的运算规则。

```
#include <stdio.h>
void main()
{
  int a,b,c;
  int *pa=&a,*pb=&b,*pc=&c;
  clrscr();
  scanf("%d%d",pa,pb);
  printf("a=%d,b=%d\n",*pa,*pb);
  c=a+b;              printf("c=%d\n",*pc);
  *pc=a+*pb;          printf("c=%d\n",c);
  c=*pa**pb;          printf("c=%d\n",c);
  c=++*pa+(*pb)++;    printf("c=%d\n",c);
  c=(*pa)+++*pb;      printf("c=%d\n",c);
  printf("a=%d,b=%d\n",a,b);
}
```

程序运行结果：

```
3 4↓
a=3,b=4
c=7
c=7
c=12
c=8
c=9
```

```
      a=5,b=5
```

M11-1-3　使用指针交换 a、b 两个数的值。

```
#include <stdio.h>
void main()
{ int a=5,b=8;
  int *pa=&a,*pb=&b,t;
  clrscr();
  printf("a=%d  b=%d\n",a,b);
  t=*pa;*pa=*pb;*pb=t;
  printf("a=%d  b=%d\n",a,b);
}→
```

程序运行结果：

```
a=5  b=8
a=8  b=5
```

3．零指针与空类型指针

（1）零指针（空指针）：指针变量值为零。例如：

```
int *p=0;
```

或者

```
#define NULL 0
int *p=NULL;
```

p=NULL 与未对 p 赋值不同，p 指向地址为 0 的单元，系统保证不作它用，表示指针变量值没有意义。作用是避免指针变量的非法使用，在程序中常作为状态比较。

（2）空类型指针：void *类型指针。

"void *p;" 表示指针变量 p 不指向任何类型的变量。使用空类型指针时要进行强制类型转换。例如：

```
char *p1;
void *p2;
p1=(char *)p2;
p2=(void *)p1;
```

三、指针变量作为函数参数

函数的参数不仅可以是整型、实型、字符型等数据，还可以是指针类型。它的作用是将一个变量的地址传送到另一个函数中。

指针变量作函数参数的说明如下：

● 指针变量，既可以作为函数的形参，也可以作函数的实参。

● 指针变量作实参时，与普通变量一样，也是"值传递"，即被调用函数不能改变实参指针变量的值，但可以改变实参指针变量所指向的变量的值。

M11-1-4：输入 a 和 b 两个整数，按先大后小的顺序输出 a 和 b。

```
int swap(int *p1,int *p2)           /*指针变量作形参*/
{ int temp;
  temp=*p1;
  *p1=*p2;
  *p2=temp;
}
void main()
```

```
{ int a,b;
  int *pointer_1,*pointer_2;
  scanf("%d,%d",&a,&b);
  pointer_1=&a;    /*将变量 a 的地址赋值给指针变量 pointer_1*/
  pointer_2=&b;    /*将变量 b 的地址赋值给指针变量 pointer_2*/
  if(a<b)swap(pointer_1,pointer_2);    /*指针变量作实参*/
  printf("\n%d,%d\n",a,b);
}
```

程序运行结果：

```
5,9

9,5
```

注意

如果 swap 函数写成以下这样编译时会出现警告：

```
int swap(int *p1,int *p2)
{ int *p;
 *p=p1;
 *p1=p2;
 *p2=p;
}
```

程序中，指针变量 p 并无确定的地址值，它的值是不可预见的。对*p 赋值可能会破坏系统的正常工作状态。如前所述，指针在使用前必须先有指向性。

想一想

如果 swap 函数变成如下语句，行不行？

```
int *t;
t=p1;
p1=p2;
p2=t;
```

实践向导

第一步：分析任务，判断元素类型及其个数

第二步：定义指针变量及赋值

第三步：按数值由大到小排序

第四步：输出元素的值

参考程序（P11-1-1.c）：

```
void swap(int *p1,int *p2)
{ int t;
  t=*p1;
  *p1=*p2;
  *p2=t;
}
void main()
{ int a,b,c;
```

```
int *p1=&a,*p2=&b,*p3=&c;
scanf("%d%d%d",p1,p2,p3);
if(a<b)swap(p1,p2);
if(a<c)swap(p1,p3);
if(b<c)swap(p2,p3);
printf("\n%d,%d,%d\n",a,b,c);
}
```

小试牛刀

1. 判断程序运行结果（P11-1-2.C）。
```
#include <stdio.h>
void main()
{ int a=5,b=10;
  int *p=&a;
  printf("%d\n",*p);
  *p=4;
  p=&b;
  printf("%d\n",*p);
  *p=6;
  printf("%d,%d\n",a,b);
}
```

2. 判断程序运行结果（P11-1-3.C）。
```
void f(int y,int *x)
{ y=y+*x;
  *x=*x+y;
  }
  main()
{ int x=2,y=4;
  f(y,&x);
  printf("%d %d\n",x,y);
}
```

3. 写出下面各表达式的结果，并找出具有等价关系的对子。
```
int a=5,*p=&a;
&*p        *&a         (*p)++         &a
a          *p++        *(p++)         a++
```

4. 输入 4 个数，用指针的方法实现由小到大输出（P11-1-4.C）。

任务二   数组与指针

学习目标

1. 理解数组的指针变量的涵义；
2. 掌握数组的指针变量的应用方法；
3. 熟练掌握一维数组的指针变量作函数参数的使用方法；
4. 了解二维数组的指针变量作函数参数的使用方法。

▌▌ 任务下达

某天，酒店外来了一名古怪的客人，声称自己从 1990 年 1 月 1 日起开始"三天打鱼两天晒网"。请老板你来计算一下，这位客人今天是要去"打鱼"还是要去入住酒店"晒网"？

▌▌ 知识链接

数组是指连续存储的若干元素的集合，每个数组元素都在内存中占用存储单元，它们都有相应的指针。指针变量既然可以指向普通变量，当然也可以指向数组和数组元素(把数组起始地址或某一元素的地址放到一个指针变量中)。

在 C 语言程序设计中，任何由数组下标完成的操作都可以通过使用指针变量的方式来实现，而且使程序更灵活、高效。

一、一维数组与指针

1．数组的指针与指向数组的指针变量

（1）数组的指针。

一个数组是由连续的一块内存单元组成的，数组的指针就是指数组在内存单元中的起始地址。C 语言规定，数组名就表示这块连续内存单元的首地址。

一个数组是由若干数组元素组成的，每个数组元素按其类型不同占用几个连续的内存单元，一个数组元素的首地址即为它所占有这几个内存单元的起始地址。

（2）指向数组的指针变量。

我们可以定义一个指针变量指向普通变量，也可以定义一个指针变量指向数组，其方法如同定义指向普通变量的指针变量。例如：

```
int  a[10];
int  *p=a(或&a[0]);    /*定义并将数组的首地址赋值给指针变量 p */
```

或者：

```
int  a[10], *p;        /*先定义指针变量*/
p＝a;                  /*再将数组的首地址赋值给指针变量p*/
```

💡 提示

数组名代表数组在内存中的首地址，因此可直接赋值给指针变量 p。

2．指针的运算

指针变量可进行运算的种类有限，它只能进行赋值运算、部分算术运算及关系运算。

（1）赋值运算。同普通变量一样，未经赋值的指针变量的值是随机的。指针变量使用之前不仅要定义说明，而且必须赋予具体的值，否则将造成系统混乱，甚至死机。

例如：

```
int a[10],b[10];
int *p,*q;
p=&a;    /*把数组的首地址赋给指向数组的指针变量*/
q=p;     /*将指针变量的值赋给另一个相同类型的指针变量*/
```

🐾 注意

赋值运算时，要保证数据类型相同。

（2）加减运算。指针变量加或减一个整数 n 的意义是把指针指向的当前位置（指向某数组元素）向前或向后移动 n 个位置。加减运算只能用于数组元素的引用，并注意数组下标的

有效范围。例如：

```
int a[10],*p;
p=a;            /*把数组的首地址赋给指向数组的指针变量*/
*++p=2;         /*指针变量 p 指向 a[1]，将 2 赋值给 a[1]*/
```

语句 p+1 表示指向数组的下一个元素，而不是简单地将指针变量 p 的值加 1，其实际变化为 p+1*size(数据类型)。例如，假设指针变量 p 的当前值为 3AB0，则 p+1 为 3AB0+1*sizeof(int)=3AB2，而不是 3AB1。

💡 提示

a[i]、*(a+i)、p[i] 、*(p+i)都表示数组 a 的第 i 个元素。

（3）指针相减运算。两指针的相减运算表示两个指针所指数组元素之间相差的元素个数。其值实际上是两个指针值（地址）相减之差再除以 sizeof(数据类型)。

例如，p1 和 p2 是指向同一浮点数组的两个指针变量，设 p1 的值为 2010H，p2 的值为 2000H，而浮点数组每个元素占 4 个字节，所以 p1-p2 的结果为(0x2010-0x2000)/sizeof(float)=4，表示 p1 和 p2 之间相差 4 个元素。

（4）关系运算。指向同一数组的两指针变量进行关系运算表示它们所指数组元素地址的位置前后关系。例如：

```
p1==p2;   /*表示 p1 和 p2 所指地址相同，即为同一数组元素*/
p1>p2;    /*表示 p1 所指地址在指针 p2 所指地址之前*/
p1<p2;    /*表示 p1 所指地址在指针 p2 所指地址之后*/
```

读者要特别注意，通常只有当指针变量指向数组时，（2）～（4）中的指针运算方式才有意义。

3. 数组元素的引用

如果已经执行语句"int a[10],*p=array;"，则数组元素的引用方法：

（1）下标法：即用 a[i]形式访问数组元素，使用下标法直观方便。在项目六介绍数组时就采用这种方法。也可将指向数组首地址的指针变量看作数组名，故可按下标法来使用。例如，p[i]等价于 a[i]。

（2）指针法：即采用*(p+i)或*(a+i)形式，都表示数组元素 a[i]，也就是采用间接访问方式访问数组元素。使用指针法目标程序占用内存少，执行速度快、效率高。

实际上，使用下标法引用数组元素的源程序，经过 C 语言编译之后就转变为"基址＋位移"的方式计算，而引用元素的值就变为间接访问方式来存取对应单元的内容。比如，a[0]就等价于*(a+0)，而 a[1]就等价于*(a+1)。

M11-2-1：使用数组下标引用数组元素。

```
#include <stdio.h>
void main()
{
  int i,a[5];
  for (i=0;i<5;i++)
  {
    a[i]=i;
    printf("a[%d]=%d\t",i,a[i]);
```

```
    }
    printf("\n");
}→
```

M11-2-2：使用数组指针引用数组元素。

```
#include <stdio.h>
void main()
{
  int i,a[5];
  for (i=0;i<5;i++)
  {
    *(a+i)=i;
    printf("a[%d]=%d\t",i,*(a+i));
  }
  printf("\n");
}
```

M11-2-3：使用数组指针变量引用数组元素。

```
#include <stdio.h>
void main()
{
  int i,a[5];
  int *p=a;
  for (i=0;i<5;i++)
  {
    *p=i;
    printf("a[%d]=%d\t",i,*p);
    p++;
  }
  printf("\n");
}→
```

三个程序的运行结果均为：

```
a[0]=0    a[1]=1    a[2]=2    a[3]=3    a[4]=4
```

在使用指针变量时，请读者特别注意（int a[10],*p=a;）。如图 11-2-1。

- p+i 和 a+i 表示指向 a 数组的第 i 个元素，即数组元素 a[i]的地址。a+i 也是地址，其计算方法如同 p+i。
- *(p+i)或*(a+i)表示 p+i 或 a+i 所指向的数组元素，即 a[i]。且 a[i]无条件等价于*(a+i)。
- 某元素的地址为 p=&a[i]，则下一元素的地址表示为 p+1 或&a[i+1]；某元素的值为 *p=a[i]，则下一元素的值表示为*(p+1)或 a[i+1]。
- 指针变量 p 的值是可以改变的，p++为合法的，也可以指向数组以后的内存单元，但是没有实际意义。数组指针 a 以及第 i 个元素的地址&a[i]为指针常量不能改变，a++则是错误的。

M11-2-4：将数组 a 的内容复制给数组 b。

```
#include <stdio.h>
void main()
{
  int i,a[5]={32,15,17,80,14};
```

```
    int b[5];
    int *pa=a,*pb=b;
    clrscr();
    for(i=0;i<5;i++)*pb++=*pa++;
    printf("output a[5] numbers:\n");
    for(i=0;i<5;i++)printf("a[%d]=%d\t",i,*(a+i));
    printf("\noutput b[5] numbers:\n");
    pb=b;
    for(;pb-b<5;pb++)printf("b[%d]=%d\t",pb-b,*pb);
    printf("\n");
}
```

程序运行结果：

```
output a[5] numbers:
a[0]=32 a[1]=15 a[2]=17 a[3]=80 a[4]=14
output b[5] numbers:
b[0]=32 b[1]=15 b[2]=17 b[3]=80 b[4]=14
```

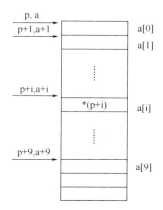

上述程序既涉及指针变量的赋值、加减和指针相减等运算，又涉及数组元素的多种引用方式，请读者仔细品味。

想一想

数组 a 与数组 b 的数组元素输出方法有何不同？

图 11-2-1　指针与一维数组

二、二维数组与指针

不管内存空间多大，内存单元的地址都是一维的。在 C 语言中，数组无论是一维的还是多维的，都占用一片连续的内存空间。因此二维数组指针与一维数组指针的概念和用法有诸多相同之处，但要复杂一些。

1. 二维数组的指针

有整型二维数组 a[3][4]定义如下：

```
int a[3][4]={{11,12,13,14},{21,22,23,24},{31,32,33,34}};
```

设数组 a 的首地址为 1000，则各元素的首地址及其值如图 11-2-2 所示。

1000	1002	1004	1006
11	12	13	14
1008	1010	1012	1014
21	22	23	24
1016	1018	1020	1022
31	32	33	34

图 11-2-2　二维数组 a 元素的地址与其值关系示意图

C 语言允许把一个二维数组分解为多个一维数组来处理。因此数组 a 可理解为包含 a[0]、a[1]、a[2]三个元素的一维数组，而每个一维数组元素又含有四个整型元素。例如，一维数组元素 a[0]又包含 a[0][0]，a[0][1]，a[0][2]，a[0][3]四个整型元素。如图 11-2-3 所示。

C 语言规定数组名代表数组的首地址，因此 a[i]又代表一维数组第 0 个元素的首地址，即

a[i][0]的地址。以此类推，第 i 行一维数组的第 j 个元素的地址表示为 a[i]+j。如图 11-2-4 所示。

由此，我们就可以得出 a[i][j]的值可表示为：

`*(a[i]+j)`

因为 C 语言中，a[i]与*(a+i)是无条件等价。所以 a[i][j]的值又可表示为：

`*(*(a+i)+j)`

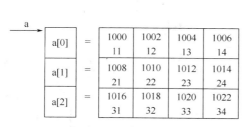

图 11-2-3　二维数组是一维数组的数组

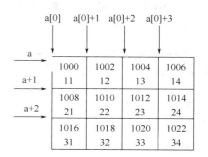

图 11-2-4　二维数组 a 的行指针与列指针

认真理解下述内容的含义，有助于进一步认识二维数组的指针以及二维数组的数组元素指针。

a：数组名，代表整个二维数组的首地址，也代表二维数组 0 行的首地址。一个以行为单位进行控制的行指针。

a+i：行指针值，指向二维数组的第 i 行的首地址。如 a+1 代表第 1 行的首地址 1008。

a[i]：列指针值，指向是第 i 行一维数组的第 0 列首地址。如 a[0]代表第 0 行一维数组的第 0 列元素的首地址，即&a[0][0]=1000。

(a+i)：列指针值。C 语言中，a[i]与(a+i)是无条件等价。读者可简单地理解*(a+i)是 a[i]的另一种书写形式。

&a[i]：行指针值。由 a[i]等价于*(a+i)，推出&a[i]等价于&*(a+i)，而&*(a+i)等价于 a+i。读者也可简单地理解&a[i]是行指针 a+i 的另一种书写形式。

a[i]+j：列指针值，指向第 i 行一维数组的第 j 列元素的首地址，即&a[i][j]。

(a[i]+j)或(*(a+i)+j)：数组 a[i][j]的值。

请读者注意，虽然 a、a+0、&a[0]、a[0]、*a、*(a+0)、&a[0][0]的值都代表地址，且数值是相等的，但含义不同。a、a+0、&a[0]是指向行的指针，a[0]、*a、*(a+0)是指向列的指针，&a[0][0]是数组第 0 行第 0 列元素的地址。

表 11-2-1 列出二维数组 a 的各种表示形式及其含义。认真理解表中各项内容之间的联系与区别，对掌握二维数组指针的概念和用法有很大帮助。

表 11-2-1　二维数组的地址表示及含义

表 示 形 式	含　义	地　址
a	第 0 行首地址	1000
a[0],*(a+0),*a	第 0 行 0 列元素地址	1000
a+1,&a[1]	第 1 行首地址	1008
*(a+1),a[1]	第 1 行第 0 列元素 a[1][0]的地址	1008
a[1]+2,*(a+1)+2, &a[1][2]	第 1 行第 2 列元素 a[1][2]的地址	1012
*(a[1]+2), *(*(a+1)+2),a[1][2]	第 1 行第 2 列元素 a[1][2]的值	元素值 23

💡提示

在指向行的指针前面加一个*，就转换为指向列的指针。

在指向列的指针前面加一个&，就转换为指向行的指针。

M11-2-5：以十六进制数输出二维数组有关的值。

```
#include <stdio.h>
main()
{int a[3][4]={11,12,13,14,21,22,23,24,31,32,33,34};
clrscr();
printf("a=%x\t*a=%x\t \n",a,*a);
printf("a[0]=%x\t&a[0]=%x\t\n",a[0],&a[0]);
printf("a[0][0]=%x\t&a[0][0]=%x\t\n",a[0][0],&a[0][0]);
printf("a+1=%x\t*(a+1)=%x\t\n",a+1,*(a+1));
printf("a[1]=%x\t&a[1]=%x\t\n",a[1],&a[1]);
printf("a[1][0]=%x\t&a[1][0]=%x\t\n",a[1][0],&a[1][0]);
printf("a[1]+1=%x\t*(a+1)+1=%x\t\n",a[1]+1,*(a+1)+1);
printf("*(a[2]+1)=%x\t*(*(a+2)+1)=%x\t",*(a[2]+1),*(*(a+2)+1));
}
→
```

程序运行结果（不同的系统，得到的值有所不同）：

```
a=ffca      *a=ffca
a[0]=ffca     &a[0]=ffca
a[0][0]=b     &a[0][0]=ffca
a+1=ffd2     *(a+1)=ffd2
a[1]=ffd2     &a[1]=ffd2
a[1][0]=15    &a[1][0]=ffd2
a[1]+1=ffd4    *(a+1)+1=ffd4
*(a[2]+1)=20    *(*(a+2)+1)=20
```

2．行指针变量

把二维数组 a 理解为一维数组 a[0],a[1],a[2]之后，可定义数组的行指针变量。其定义形式为：

　　类型说明符　(*指针变量名)[长度]

类型说明符：所指数组的数据类型。

*：表示其后的变量是指针类型。

长度：二维数组分解为多个一维数组时，一维数组的长度，也就是二维数组的列数。

读者注意："(*指针变量名)"两边的括号不可少，如缺少括号则表示是指针数组(本书没有涉及，请参阅其他资料)。

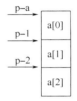

如语句"int (*p)[4];"，表示定义指针变量 p，它指向包含 4 个整型元素的一维数组。若 p 指向第 0 个一维数组

图 11-2-5　二维数组的行指针变量

a[0]，则 p+1 指向一维数组 a[1]，而不是指向 a[0][1],p 的增值是以一维数组的长度为单位。如图 11-2-5 所示。

从上一节的内容可知：*(p+i)+j 是二维数组 i 行 j 列的元素的地址，而*(*(p+i)+j)则是 i 行 j 列元素的值。

M11-2-6：使用行指针变量输出数组的所有元素。

```
#include <stdio.h>
main()
{
  int a[3][4]={11,12,13,14,21,22,23,24,31,32,33,34};
  int(*p)[4];  /*定义指向包含 4 个整形元素的一维数组*/
  int i,j;
  p=a;            /*注意将行指针的值赋给变量 p*/
  for(i=0;i<3;i++)
    {
      for(j=0;j<4;j++) printf("%2d  ",*(*(p+i)+j));
      printf("\n");
    }
}
```

程序输出结果：

```
11  12  13  14
21  22  23  24
31  32  33  34
```

想一想

如果本题直接使用数组指针 a，程序应该如何修改？

3．列指针变量

定义二维数组的列指针变量方法比较简单：定义一个与数组类型相同的指针变量，再用数组的列指针赋值。例如：

```
int a[3][4]={11,12,13,14,21,22,23,24,31,32,33,34};
int *p=a[0]; /*定义列指针变量，并用 0 行 0 列元素地址赋值*/
```

则 p+1 指向下一个数组元素。如图 11-2-6 所示。

通过指针变量 p 访问数组元素 array[i][j]的格式：

```
*(p+(i*每行列数+j) )
```

比一比

列指针变量与行指针变量的含义与使用方法有何异同？

M11-2-7：使用列指针变量逆序输出数组的所有元素。

```
#include <stdio.h>
void main()
{
  int a[10][10],i,j,*p,n;
  for(i=0;i<10;i++)
    for(j=0;j<10;j++)
      *(*(a+i)+j)=i*10+j;
  n=0;
  for(p=&a[9][9];p>=&a[0][0];--p)
    {
      printf("%5d", *p );
```

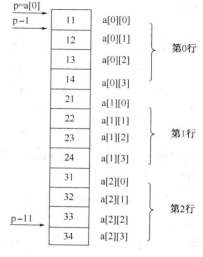

图 11-2-6　二维数组与列指针

```
        if(++n%10==0)printf("\n");
    }
}
```

程序运行结果：

```
99  98  97  96  95  94  93  92  91  90
89  88  87  86  85  84  83  82  81  80
79  78  77  76  75  74  73  72  71  70
69  68  67  66  65  64  63  62  61  60
59  58  57  56  55  54  53  52  51  50
49  48  47  46  45  44  43  42  41  40
39  38  37  36  35  34  33  32  31  30
29  28  27  26  25  24  23  22  21  20
 9   8   7   6   5   4   3   2   1   0
```

输出语句 for 循环中的表达式 p=&a[9][9]可写成为*(a+10)-1，请读者仔细体会。

三、数组指针作为函数参数

1．一维数组指针作函数参数。

实参与形参的对应关系可归纳为以下四种情况：

（1）形参是数组，实参是数组名。

```
int f(int x[],int n)
{……}
main()
{
  int a[10];
  ……
  f(a,10)
  ……
}
```

（2）形参是指针变量，实参是数组名

```
int f(int *x,int n)
{……}
main()
{
  int a[10];
  ……
  f(a,10)
  ……
}
```

（3）形参、实参都是指针变量。

```
int f(int *x,int n)
{……}
main()
{
  int a[10],*p=a;
  ……
  f(p,10)
```

```
     ......
   }
```

（4）形参是数组，实参是指针变量。

```
int f(int x[],int n)
{......}
main()
{
   int a[10],*p=a;
   ......
   f(p,10)
   ......

}
```

以上四种形式中，无论实参是数组指针变量还是数组名，传递的都是地址，因此，形参应该都是一个指针变量(只有指针变量才能存放地址)。实际上，C 编译都是将形参数组作为指针变量来处理的。例如：

形式（1）、（4）中函数 f 的形参是数组形式，即 f(int x[],int n)，但 C 语言编译系统是将 x 按指针变量来处理，相当于将函数 f 的首部写成 f(int *x, int n)。两种书写形式是完全等价的。

由此可知，形参无论是数组还是指针变量，其实质都是指针变量；实参无论是数组名还是指针变量，其实质都是指针数据作函数的参数。

M11-2-8：编写函数将数组 a 的 n 个元素倒置存放。

算法为：将 a[0]与 a[n-1]对换，再 a[1]与 a[n-2] 对换……直到将 a[(n-1)/2]与 a[n-(n-1)/2-1]对换。此处用循环处理此问题，设两个"位置指示变量"i 和 j，i 的初值为 0，j 的初值为 n-1。将 a[i]与 a[j]交换，然后使 i 的值加 1，j 的值减 1，再将 a[i]与 a[j]交换，直到 i=(n-1)/2 为止，如图 11-2-7 所示。

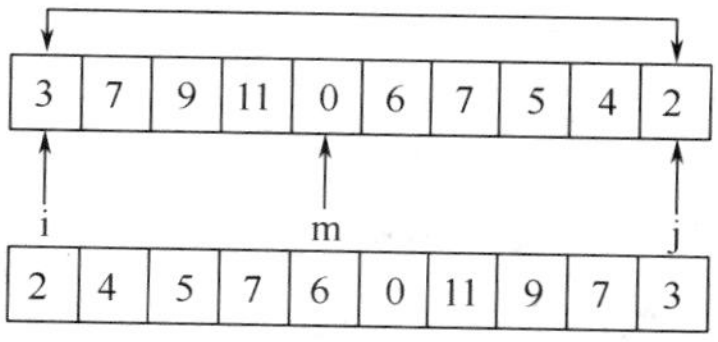

图 11-2-7　数组倒置存放算法示意

程序如下：

```
void inv(int x[],int n)    /*形参 x 是数组名*/
{
  int t,i,j,m=(n-1)/2;
  for(i=0;i<=m;i++)
   { j=n-1-i;
     t=x[i];x[i]=x[j];x[j]=t;
   }
  return;
}
main()
{
  int i,a[10]={3,7,9,11,0,6,7,5,4,2};
  printf("The original array:\n");
  for(i=0;i<10;i++)   printf("%d,",a[i]);
  printf("\n");
  inv(a,10);          /*实参是数组名 a*/
  printf("The array has been inverted:\n");
  for(i=0;i<10;i++)   printf("%d,",a[i]);
  printf("\n");
```

```
}
→
```

M11-2-9：编写函数将数组 a 的 n 个元素倒置存放（要求使用指针变量）。

```
void inv(int *x,int n)    /*形参 x 为指针变量*/
{
  int t,*p;
  p=x+n-1;
  while(x<p)
    { t=*x;*x=*p;*p=t;
      x++;
      p--;
    }
}
main()
{
  int i,a[10]={3,7,9,11,0,6,7,5,4,2},*p=a;
  printf("The original array:\n");
  for(i=0;i<10;i++)  printf("%d,",a[i]);
  printf("\n");
  inv(p,10);      /*实参是指针变量*/
  printf("The array has been inverted:\n");
  for(i=0;i<10;i++)  printf("%d,",a[i]);
  printf("\n");
}→
```

程序运行结果相同，均为：

```
The original array:
3,7,9,11,0,6,7,5,4,2,
The array has been inverted:
2,4,5,7,6,0,11,9,7,3,
```

可以看出，使用指针变量使程序更简单、紧凑和高效。函数 inv 还可做如下修改：

```
void inv(int *x,int n)    /*形参 x 为指针变量*/
{
  int temp,*p;
  p=x+n-1;
  if(p<=x)return;
  temp=*x;*x=*p;*p=temp;
  inv(++x,n-2);        /*每次有两个元素参与排序，所以为 n-2*/
}
```

使用函数递归调动，每次使用指针变量作函数实参，请读者仔细思考。

2．二维数组指针作函数参数。

若有 C 语句：

```
int a[3][4];
int (*p1)[4]=a;    /*定义行指针变量 p1*/
int *p2=a[0];      /*定义列指针变量 p2*/
```

则，实参与形参的对应关系如表 11-2-2 所示。

```
        }
    }
    →
```

表 11-2-2　二维数组指针作函数参数

实　　参	形　　参
数组名 a	数组名 int x[][4]
数组名 a	指针变量 int (*x)[4]
指针变量 p1	数组名 int x[][4]
指针变量 p1	指针变量 int(*x)[4]
指针变量 p2	指针变量 int *x

数组名作函数形参时，实际上是指向一维数组的指针变量作形参，即 int x[][4]等价于 int (*x)[4]。所以，二维数组指针作函数参数，从本质上说，只有“列指针”和“行指针”两种形式。相应的，用来接收实参数组指针的形参，必须使用相应形式的指针变量，如下所示：

实参：　　列指针　　　　　　行指针
　　　　　　↓　　　　　　　　↓
形参：（列）指针变量　　（行）指针变量

M11-2-10：计算出 3 个学生 4 门课程的总平均分数，并输出第 n 个学生的成绩。

```
#include <stdio.h>
void main()
{
  void average(float *p,int n);
  void search(float (*p)[4],int n);
  float score[3][4]={65,67,57,60,80,87,90,81,45,99,100,98};
  clrscr();
  average(*score,12);     /*实参是列指针*score*/
  search(score,3);        /*实参是行指针 score*/
}
void average(float *p,int n)     /*形参是列指针*/
{
  float sum=0,aver;
  float *p_end=p+n-1;
  for(;p<=p_end;p++)  sum+=*p;
  aver=sum/n;
  printf("average=%5.2f\n",aver);
}
void search(float (*p)[4],int n)   /*形参是行指针*/
{
  int i,j,flag;
  for(i=0;i<n;i++)
    { flag=0;
      for(j=0;j<4;j++)
        if(*(*(p+i)+j)<60)flag=1;
      if(flag){
      printf("No.%d fails,his scores are:\n",i+1);
      for(j=0;j<4;j++) printf("%5.2f\t",*(*(p+i)+j));
      printf("\n");
      }
```

程序运行结果如下：

```
average=77.42
No.1 fails, his scores are:
65.00    67.00    57.00    60.00
No.3 fails, his scores are:
45.00    99.00    100.00    98.00
```

实践向导

第一步：计算从 1990 年 1 月 1 日开始至指定日期共有多少天，这一步最为关键。需要先判断经历年份中是否有闰年，闰年二月为 29 天，平年为 28 天。

第二步：由于"打鱼"和"晒网"的周期为 5 天，所以将计算出的天数用 5 去整除。

第三步：根据余数判断他是在"打鱼"还是在"晒网"。若余数为 1，2，3，则他是在"打鱼"，否则他是需要入住酒店"晒网"。

第四步：输出程序结果。

参考程序（P11-2-1.c）

```
#include <stdio.h>
int total_day(int (*p)[13],int year,int month,int day);
void main()
{ int y,m,d,day=0,i;
  int day_tab[2][13]={
     {0,31,28,31,30,31,30,31,31,30,31,30,31},
     {0,31,29,31,30,31,30,31,31,30,31,30,31}};
  printf("Input:year=?month=?day=?\n");
  scanf("%d%d%d",&y,&m,&d );    /*输入日期*/
  for(i=0;i<y-1990;i++)day+=total_day(day_tab,y,12,31);    /*计算从1990年至
指定年的前一年共有多少天*/
  day+=total_day(day_tab,y,m,d);  /*加上指定年中到指定日期的天数*/
  day%=5;
  if(day>0&&day<4)printf("he must fish today.");
  else printf("He go sleep today.");
}
int total_day(int(*p)[13],int year,int month,int day)   /*计算本年中自 1 月 1
日起的天数*/
{ int j,leap;
  leap=year%4==0&&year%100!=0||year%400==0;  /*判定 year 为闰年还是平年*/
  for(j=1;j<month;j++)
    day+=*(*(p+leap)+j);
  return(day);
}
```

小试牛刀

1．判断程序的运行结果。（P11-2-2.c）

```
main()
{ int a[]={1,2,3,4,5,6};
  int *p;
  p=a;
  printf("%d ",*p);
  printf("%d ",*(++p));
  printf("%d ",*++p);
  printf("%d ",*(p--));
  p+=3;
  printf("%d %d ",*p,*(a+3));
}→
```

2. 编写函数，求数组 a[10]中的最大值和最小值。（P11-2-3.c）

3. 用选择法对数组 a[10]中的元素按由大到小的顺序排序。（P11-2-4.c）

任务三 字符串与指针

学习目标

1. 了解字符串在程序设计中的表现形式；
2. 理解字符数组与字符串指针的联系与区别；
3. 掌握字符串的指针变量在程序设计中的应用；
4. 初步掌握字符串指针变量作函数参数的使用方法。

任务下达

某天，酒店的入住几个国家代表，分别是 Chinese、American、English、Japanese、French、Russian、German。同样，作为老板的你，需要在前台按其名称的 ASCII 码的大小顺序登记，以方便朋友来访和警察查房。如何处理？

知识链接

一、字符串的表示与引用

在 C 语言中，既可以用字符数组表示字符串，也可用字符指针变量来表示；引用时，既可以逐个字符引用，也可以整体引用。

1. 字符串的表示

C 语言中不存在单独的字符串变量，而是将字符串作为以字符 '\0'为结束标志的字符数组来处理。由此，我们可以通过以下两种方式来实现字符串的存储和运算：

（1）字符数组。

如：char c1[13]={'I',' ', 'l', 'o', 'v', 'e', ' ', 'C', 'h', 'i', 'n', 'a', '\0'};

或：char c2[]={"I love China"};

或：char c3[]="I love China";

都是定义并赋值字符数组。

需要说明的是：字符数组本身并不要求它的最后一个字符为'\0'。但是，只要用字符串常量赋值，系统就会自动加上一个'\0'。有时，人们关心的是有效字符串的长度而不是字符数组的长度，因此人们为了便于测定字符串的实际长度，以及在程序中做相应的处理，常常人为地在字符数组的最后加上字符'\0'。

即：含字符'\0'的字符数组可以看成字符串。

M11-3-1：定义一个字符数组，初始化后输出。

```
#include <stdio.h>
void main()
{
  char string[]="I love China!";
  printf("%s\n",string);
}
```

程序运行结果：

```
I love China!
```

程序说明：和前面介绍的数组属性一样，string 是数组名，它代表字符数组的首地址。如图 11-3-1。

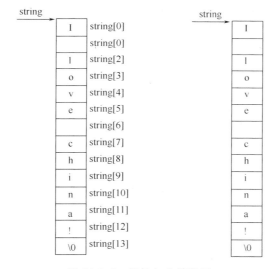

图 11-3-1　指针与字符数组

（2）字符串指针变量。

字符串指针变量的定义方法，与指向字符变量的指针变量定义方法相同，两者的区别在于指针变量的赋值不同。

如语句"char c,*p=&c;"，用字符变量的地址赋值，表示 p 是一个指向字符变量 c 的指针变量。

而语句"char *s="C Language";"，用字符串常量的首地址赋值，则表示 s 是一个指向字符串的指针变量。

M11-3-2：定义一个字符串指针变量，初始化后输出。

```
#include <stdio.h>
void main()
{
  char *string;
  string="I love China!";
```

```
    printf("%s\n",string);
}
```
→

程序运行结果：

```
I love China!
```

程序说明：首先定义一个字符指针变量 string，然后用字符串常量"I love China!"赋值。C 语言对字符串常量是按字符数组处理的，在内存中开辟了一个字符数组用来存放该字符串常量。对字符指针变量 string 的初始化，实际上是把字符串的首地址赋给指针变量 string。

注意

通过字符数组名或字符指针变量可以整体输出字符串，而对于数值型数组，是不能企图用数组名输出它的全部元素的。

2．字符串的引用

字符串的引用和其他数值型数组一样，除了可以通过数组指针和下标方式逐个引用字符外，还可以整体引用。

M11-3-3：将字符串 a 复制给字符串 b。

```
#include <stdio.h>
void main()
{
  char a[]="I am a boy.",b[20];
  int i;
  for(i=0;*(a+i)!='\0';i++) *(b+i)=*(a+i);      /*通过指针，逐个引用*/
  *(b+i)='\0';
  printf("string a is:%s\n",a);                  /*整体引用*/
  printf("string b is:");
  for(i=0;b[i]!='\0';i++) printf("%c",b[i]);      /*通过下标，逐个引用*/
  printf("\n");
}
```
→

从程序可以看出：引用字符串元素时，既可以逐个字符访问，也可以整体引用；既可以通过数组指针，又可以通过下标法。为了使读者进一步理解字符串的访问方法，现使用指针变量的方法改写上面的程序。

M11-3-4：使用指针变量将字符串 a 复制给字符串 b。

```
#include <stdio.h>
void main()
{
  char a[]="I am a boy.",b[20];
  int *pa=a,*pb=b;
  while(*pa!='\0')*pb++=*pa++;
  *pb='\0';
  printf("string a is:%s\n",a);
  printf("string b is:%s\n",b);
}
```
→

程序运行结果相同，均为：
```
string a is: I am a Boy.
string b is: I am a Boy.
```

二、字符数组与字符串指针变量的比较

虽然用字符指针变量和字符数组都能实现字符串的存储和处理，但二者是有区别的。主要有以下几点：

1．存储的内容不同。

字符数组存放的是字符串本身，数组的每个元素存放一个字符；字符指针变量存放的是字符串在内存中的首地址。设字符串的首地址为30AB，则：

数组 a　　I love this gane\0

变量 p　　30AB

2．赋值方式不同。

字符数组只能对各个元素赋值（一次只赋一个字符，要赋若干次）；字符指针变量可以将字符串常量整体赋值，但注意值为字符串的首地址。如：
```
char a[10],*p;
p="china";    /*正确*/
a="Hello";    /*错误*/
```

3．当没有赋值时。

字符数组名的值为数组的首地址，是一个确切的指针常量；字符指针变量的值则是随机的。如：
```
char a[10],*p;
scanf("%s",a);    /*正确*/
scanf("%s",p);    /*错误*/
```

4．字符数组名是指针常量，不能改变值；字符指针变量可以改变值。如：
```
char a[10],*p;
p++;    /*正确*/
a++;    /*错误*/
```

5．可以用下标形式引用指针变量所指字符串中的字符。如：
```
char *p="ABCD";
putchar(p[3]);          /*输出字符元素'D'*/
p[2]='x';               /*将字符'C'变成字符'x'*/
```

6．可以用指针变量指向一个格式字符串，在 printf 中直接使用此指针变量。

如：`char *format="a=%d,b=%d,c=%d\n";`

则：`printf(format,a,b,c);`等价于

`printf("a=%d,b=%d,c=%d\n",a,b,c);`

三、字符串指针作函数参数

字符串指针作函数参数的方法，与一维数组作函数参数一样，既可用字符数组名作参数，又可以用指向字符的指针变量作参数。

M11-3-5：使用字符数组名作参数，编写函数将字符串 a 复制给字符串 b。

```
#include <stdio.h>
void copy_string(char from[],char to[])
{
  int i=0;
  while(from[i]!='\0')
    {
      to[i]=from[i];
      i++;
    }
  to[i]='\0';
}
void main()
{
  char a[]="I am a boy.",b[20]="You are a girl.";
  printf("string a=%s\nstring b=%s\n",a,b);
  copy_string(a,b);
  printf("string a=%s\nstring b=%s\n",a,b);
}
→
```

M11-3-6：使用字符数组指针变量作参数，编写函数将字符串 a 复制给字符串 b。

```
#include <stdio.h>
void copy_string(char *from,char *to)
{
  while(*from!='\0')
    {
      *to=*from;
      to++;
      from++;
    }
  *to='\0';
}
void main()
{
  char *a="I am a boy.",*b="You are a girl.";
  printf("string a=%s\nstring b=%s\n",a,b);
  copy_string(a,b);
  printf("string a=%s\nstring b=%s\n",a,b);
}
→
```

两者程序运行结果相同，均为：

```
string a=I am a boy.
string b=You are a girl.
string a=I am a boy.
string b=I am a boy.
```

注意，可以把 copy_string 函数简化为以下形式：

```
void copy_string(char *from,char *to)
{
```

```
while(*to++=*from++);
}
```

表达式的意义可解释为，源字符向目标字符赋值，移动指针，若所赋值为非 0 则循环，否则结束循环。这样使程序更加简洁。请读者仔细体会。

实践向导

第一步：分析问题。问题的实质是要求将字符串按 ASCII 码大小顺序排序。
第二步：如何存储若干字符串。使用二维字符数组的方法。
第三步：如何排序的问题。排序的方法很多，这里可以借鉴选择排序的思想来编写程序。
第四步：程序结果输出。
参考程序（P11-3-1.c）：

```
main()
{
  char s[][10]={"Chinese","American","English","Japanese",
  "French","Russian","German"};
  char n=7,(*p)[10]=s;
  printf("before being sorted\n");
  while(p<s+7)puts(p++);
  sort(s,n);
  printf("after being sorted\n");
  p=s;
  while(p<s+7)puts(p++);
}
sort(char (*x)[10],int n)
{ char b[10];
  int i,j;
  for(i=0;i<n-1;i++)
    for(j=i+1;j<n;j++)
      if(strcmp(x+i,x+j)>0){
    strcpy(b,x+i);
    strcpy(x+i,x+j);
    strcpy(x+j,b);
      }
}
```

小试牛刀

1. 判断程序的运行结果。（P11-3-2.c）

```
#include "string.h"
fun(char *w,int n)
{ char t,*s1,*s2;
  s1=w;s2=w+n-1;
  while(s1<s2)
  { t=*s1++;
    *s1=*s2--;
    *s2=t;
  }
}
```

```
}
main()
{ static char *p="1234567";
  fun(p,strlen(p));
  printf("%s",p);
}
```

2．正逆序打印字符串。（P11-3-3.c）

3．编写函数，判断一个字符串是否回文。如字符串"abdba"或"abcddcba"。（P11-3-4.c）

项目小结

本项目我们学习了变量与指针、数组与指针、字符串与指针等三个任务，其中又分别涉及指针变量、数组指针、字符串指针作函数参数的使用方法。本项目要求如下：

1．涉及的知识

（1）指针与地址的涵义及区别；

（2）数组指针变量的涵义及应用方法，特别是一维数组指针变量的应用方法；

（3）字符数组与字符串指针的联系与区别；

（4）字符串的指针变量在程序设计中的应用方法；

（5）初步掌握指针变量、数组指针、字符串指针作函数参数的使用方法。

2．掌握的技能

（1）指针的涵义及应用方法；

（2）数组指针变量的涵义及应用方法，特别是一维数组指针变量的应用方法；

（3）字符串的指针变量在程序设计中的应用；

（4）初步掌握指针变量、数组指针、字符串指针作函数参数的使用方法。

挑战自我

用指针的方法，重新编写前面章节各项目"挑战自我"程序。（P11-4-1.c）

项目评价

1．根据本项目各个任务及其"小试牛刀"、"挑战自我"等完成情况，其难易感觉是：

任　　务	☺	☺	☹
任务一：变量与指针			
任务二：数组与指针			
任务三：字符串与指针			
挑战自我			
统计结果（单位：次）			

2．根据本项目各个任务的完成情况，对照"观察点"列举的内容，进行自评或互评。

"观察点"内容可视实际情况在教师引导下拓展。

观　察　点	☺	☺	☹
理解指针与地址的涵义及区别			
熟练掌握指针变量在程序设计中的应用方法			
熟练运用一维数组的指针变量引用数组元素			
理解一维数组名及数组的指针作函数参数的使用方法			
理解二维数组的"行"指针变量、"列"指针变量的涵义			
掌握字符数组与字符串的联系与区别			
掌握用字符指针表示字符串			
统计结果（单位：次）			

3. 根据本项目完成过程中，对照小组合作情况，进行自评或互评。"观察点"内容可视实际情况在教师引导下拓展。

观　察　点	☺	☺	☹
学习态度：态度端正，积极参与，自然大方			
交流发言：语言精心组织，表达清晰有序，声音洪亮			
回答问题：能够随机应变，正确回答提问			
团队合作：小组成员积极参与，相互帮助，配合默契			
任务分配：小组成员都在任务完成中扮演重要角色			
任务完成：通过小组努力，共同探究，较好完成任务			
个人表现：在任务实施过程中努力为小组完成任务积极探索			
统计结果（单位：次）			

专题一　文本作图

知识点

文本作图
- 图形形式
  - 单一符号图形
  - 数学图形
  - 字母图形
- 编程方法
  - 数字图形可借助变量或采用语句 printf("%c",48+k)来实现
  - 字母图形可采用 printf("%c",64+k)来实现或借助变量
  - 对称图形采用绝对值函数或分支语句实现

文本作图一般思路：
（1）确定输出图形行数，作为外循环。
（2）确定每行图形输出的起始位置（即判断空格输出的数量，通常也要寻找与行对应的关系）。
（3）确定每行输出的可见图形列数（找出列与行之间的关系）。
（4）确定每列输出内容（有时也要寻找输出的可见图形与行、列之间的关系）。
（5）确定并输出换行的位置。

典型案例

案例1：编程输出如下简单图形

```
      A
     AAA
    AAAAA
   AAAAAAA
```

案例分析：
（1）确定输出行数，写出外循环，→
（2）确定每行图形输出的起始位置。
　　　找出每行空格个数与行之间的关系：
　　　写出输出空格的循环：
（3）确定输出图形列数。
　　　找出列数与行之间的关系：
　　　写出输出图形循环：
（4）确定每列输出内容

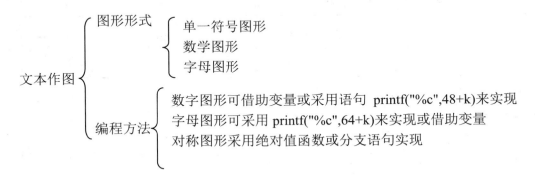

```
for(i=1;i<=4;i++)
```
```
k=4-i

for(k=1;k<=4-i;k++)
```
```
j=2*i-1
for(j=1;j<=2*i-1;j++)
```
```
printf("%c",'A')
```

（5）确定换行位置

```
printf("\n")
```

参考程序：

```
#include<stdio.h>
main()
{int i,j,k;
   for(i=1;i<=4;i++)
     {for(j=1;j<=4-i;j++)
         printf(" ");
      for(k=1;k<=2*i-1;k++)
         printf("%c",'A');
         printf("\n");
     }
}
```

案例 2：利用图形关于 X 轴的对称性，用双重循环打印如下图形。

```
   A
  BBB
 CCCCC
DDDDDD
 CCCCC
  BBB
   A
```

案例分析：

题目要求我们利用图形关于 X 轴的对称性来设计程序，因此我们需要仔细地观察图形，找出此图形的对称轴，并将此对称轴的行号标为 0，对称轴下方标正数，对称轴上方标负数，如下图所示。

```
-3  |     A
-2  |    BBB
-1  |   CCCCC
 0  |  DDDDDD
 1  |   CCCCC
 2  |    BBB
 3  ↓     A
```

（1）确定行：此题是关于 X 轴对称的文本作图题，因此外循环可以从-3 到 3 之间进行变化，即输出图形行数 -3<=i<=3。

（2）每行起始位置即空格数分析：

行号 i	空格数 k	行号 i	空格数 k
-3	3	1	1
-2	2	2	2
-1	1	3	3
0	0		

由上表分析可见，每行的空格数为行号的绝对值，即空格数为 abs(i)个，因此每行的空格数在 1<=k<=abs(i)之间。

（3）每行输出字符的列数 j，由分析可知：

行号 i	列数 j	行号 i	列数 j
-3	1	1	5
-2	3	2	3
-1	5	3	1
0	7		

所以由表推出每行字符的列数为 7-2*abs(i)。

（4）每列字符的内容：

对于每行内容单一的且关于 X 轴对称的图形，通常可以先找出对称轴，每行的内容为对称轴的内容加上或减去行的绝对值（或者是行的绝对值有关的相关变形公式）。

对于本题来说，对称轴的内容为字母 D，ASCII 码值为 68，于是每行的内容为 68-abs(i)，即 printf("%c",68-abs(i))，也可参照上表制表推导。

（5）输出换行。

参考程序：

```
#include<stdio.h>
#include<math.h>
main()
{
int i,j,k;
  for(i=-3;i<=3;i++)
   {
     for(k=1;k<=abs(i);k++)
         printf(" ");
     for(j=1;j<=7-2*abs(i);j++)
     printf("%c",68-abs(i));
   printf("\n");
 }
 }
```

案例 3：利用图形关于 Y 轴的对称性，用双重循环打印如下图形（字符中间没有空格）

```
                5
              5 4 5
            5 4 3 4 5
          5 4 3 2 3 4 5
        5 4 3 2 1 2 3 4 5
      5 4 3 2 1 0 1 2 3 4 5
```

案例分析：

本题同案例 2 具有很大的相似之处，只是案例 3 的图形要求我们利用图形关于 Y 轴的对称性来设计程序，同样我们需要仔细地观察图形，找出此图形的对称轴，并将此对称轴的行号标为 0，对称轴右方标正数，对称轴左方标负数，如下图所示：

```
                5
              5 4 5
            5 4 3 4 5
          5 4 3 2 3 4 5
```

```
          5 4 3 2 1 2 3 4 5
        5 4 3 2 1 0 1 2 3 4 5
    ─────────────────────────────────▶
        -5 -4 -3 -2-1 0 1 2 3 4 5
```

总体思路：该图形是一个关于 Y 轴对称的图形，可以利用内循环以 0 为中心对称的思想来编程。打印内容上也可以设置一个表达式，让表达式的值随着内循环的变化而变化。

（1）确定行。仅仅关于 Y 轴对称的图形与行没有直接的关系，因此行的范围就在 $1<=i<=6$ 之间。

（2）每行起始位置即空格数分析：

行号 i	空格数 k	行号 i	空格数 k
1	5	4	2
2	4	5	1
3	3	6	0

由上表分析可知空格的范围在 $1<=k<=6-i$ 之间。

（3）确定每行输出可见字符的列数。

对于关于 Y 轴对称的图形我们已经在上图中标出相应的列号，因此在这一步需要做的是寻找行号与列号之间的关系，由分析可知：

行号 i	列号 j 的范围	行号 i	列号 j 的范围
1	0	4	[-3,3]
2	[-1,1]	5	[-4,4]
3	[-2,2]	6	[-5,5]

由上表分析可知：$i-|j|>=1$

解这个不等式可得： $1-i<=j<=i-1$

因此 j 的范围为：$1-i<=j<=i-1$

（4）确定每列输出的可见图形内容：

对于关于 Y 轴对称的图形，通常可以先找出对称轴上的图形与行的关系，列出表达式，其余每行每列的内容为此表达式加上或减去列的绝对值（或者是列的绝对值有关的相关变形公式）。

对称轴上的图形与行的关系：

行号 i	对称轴上的图形	行号 i	对称轴上的图形
1	5	4	2
2	4	5	1
3	3	6	0

可知对称轴上图形与行号的关系为：$6-i$；

分析该图形可知其余列的图形均为对称轴上的图形从内向外依次加上列号的绝对值，即 $6-i+abs(j)$。

（5）换行。

参考程序：

```
#include<stdio.h>
#include<math.h>
main()
{
int i,j,k;
  for(i=1;i<=6;i++)                          /*控制行数*/
  {
  for(k=1;k<=6-i;k++)
      printf(" ");
  for(j=1-i;j<=i-1;j++)                       /*控制每行打印的列数*/
   printf("%d",6-i+abs(j));                   /*按列打印的内容*/
   printf("\n");
  }
}
```

案例 4：利用图形既关于 X 轴对称，又关于 Y 轴对称的特性，用双重循环打印如下图形（字符中间没有空格）

```
            3
          3 2 3
        3 2 1 2 3
      3 2 1 0 1 2 3
        3 2 1 2 3
          3 2 3
            3
```

案例分析：

对于既关于 X 轴又关于 Y 轴对称的图形，我们可综合利用关于 X 轴对称的特性和关于 Y 轴对称的特性，来设计程序。

关于 X 轴对称的文本作图的编程方法是：若外循环行变量 i 的初值为-a，则终值为 a。每行中字符的个数及空格的个数均与控制变量 i 的绝对值有关。关于 Y 轴对称的文本作图方法将外循环 i 的处理方法迁移到内循环变量 j 上。

综合以上特性对原图的行列号进行标注。

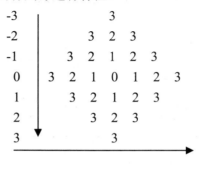

（1）根据关于 X 轴对称的特性确定行数：

    -3<=i<=3

（2）确定每行起始位置（即每行空格数）：

行号i	空格数 k	行号 i	空格数 k
-3	3	1	1
-2	2	2	2
-1	1	3	3
0	0		

由上表分析可见，每行的空格数为行号的绝对值，即空格数为 abs(i)个，因此每行的空格数在 1<=k<=abs(i)之间。

（3）确定每行输出可见字符的列数。

利用关于 Y 轴对称的特性寻找行号与列号之间的关系，由分析可知：

行号i	列号 j 的范围	行号 i	列号 j 的范围
-3	0	1	[-2,2]
-2	[-1,1]	2	[-1,1]
-1	[-2,2]	3	0
0	[-3,3]		

由上表分析可知：　　|i|-|j|>=3

解这个不等式可得：　　-3+|i|<=j<=3-|i|

因此 j 的范围为：-3-abs(i)<=j<=3-abs(i)

（4）确定每行输出字符的内容。

找关系，将行号和列号如题中一样标好，可发现输出的具体字符内容刚好为：行号的绝对值与列号的绝对值之和。

（5）输出换行。

参考程序：

```
#include<stdio.h>
#include<math.h>
main()
{
int i,j,k,t;
  for(i=-3;i<=3;i++)
   {
for (k=1;k<=abs(i);k++)
    printf(" ");
for(j=-3+abs(i);j<=3-abs(i);j++)
 {
 t=abs(i)+abs(j);
  printf("%d",t);
    }
    printf("\n");
}
}
```

案例 5：利用三重循环输出如下图形。

```
          A       A       A
         AAA     AAA     AAA
        AAAAA   AAAAA   AAAAA
       AAAAAAAAAAAAAAAAAAAAAAA
```

根据题意，程序如下：

```
#define N 4
main()
{ int i,j,k,b;
  for(i=1;i<=N;i++)
  {

  }
}
```

案例分析：

本题可先借助一些辅助线将图形分解：

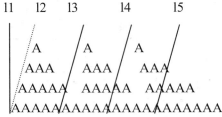

总体思路：添加辅助线之后我们可以看出，l1 和 l2 之间可作为前置空格即确定每行图形输出的起始位置；l2 与 l3 之间的图形和 l3 与 l4、l4 与 l5 之间的三块图形是一致的，我们可以考虑用循环来操作；且每块图形都包含两个部分即可见图形部分和后置空格。

具体步骤：

本题外层循环已给出，即行数已确定 1<=i<=N。那么下面需考虑以下几个问题：

（1）确定每行图形起始位置，即前置空格的数量：1<=k<=4-i。

（2）分析图形重复的数量，确定循环次数:1<=j<=3。

（3）确定每块图形的每行列数：1<=t<=2*i+1。

（4）确定每块图形每行输出的可见内容：即输出字符 A。

（5）确定每块图形后置空格的数量：1<=k<=8-2*i。

（6）在行循环中还应包含换行。

参考程序：

```
 #define   N  4
main()
{
  int i,j,k,t;
  for(i=1;i<=N;i++)
    { for(k=1;k<=4-i;k++)
         printf(" ");
      for(j=1;j<=3;j++)                /* 左、中右三块内容重复*/
      {for(t=1;t<=2*i-1;t++)
         printf("%c",65);             /* 图形内容*/
```

```
        for(k=1;k<=8-2*i;k++)
            printf(" ");                    /* 空格*/
        }
      printf("\n");
    }
  }
```

小试牛刀

1. 打印如下图形。

```
       1
      123
     12345
    1234567
     12345
      123
       1
```

2. 打印如下图形。

```
    12345
     23451
      34512
       45123
        51234
```

3. 打印如下图形，完善程序（右端对齐，最后三行数据间的空格为 8 个）。

```
                                  1
                           1      12
                    1      12     123
             1      12     123    1234
      1      12     123    1234   12345
```

```
main()
{int i,j,k,t=61,a;
  for(i=1;i<=5;i++)
    { a=0;
      t=_____;
      for  (k=1;k<=t;k++)
         _____;
      for(j=1;j<=i;j++)
      {
         a=_____;
         printf("%d",a);
         for(k=1;k<=_____;k++)
         printf(" ");
      }
      _____;
    }
}
```

4. 编程打印如下图形。

```
        A
       BAB
      CBABC
     DCBABCD
    EDCBABCDE
```

5. 打印如下图形，利用图形的对称性。

```
        #
       222
      #####
     111111
    #########
   0000000000
    #########
     111111
      #####
       222
        #
```

6. 打印如下图形。

```
        1
       121
      12321
     1234321
      12321
       121
        1
```

专题二　矩　　阵

一、矩阵的概念

定义：由 $m×n$ 个数 a_{ij} ($i = 1,2,…,m$; $j = 1,2,…,n$) 排成的 m 行 n 列数表，记成

$$A = - \begin{pmatrix} a_{11}\ a_{12}……a_{1n} \\ a_{21}\ a_{22}……a_{2n} \\ …… \\ a_{m1}\ a_{m2}……a_{mn} \end{pmatrix}$$

称为 $m×n$ 矩阵，也可表示为 $A = (a_{ij})_{m×n}$，a_{ij} 称作矩阵的元素，a_{ij} 的第一个下标 i 称之为行标，第二个下标 j 称之为列标。

二、矩阵的操作

$$\text{矩阵的操作} \begin{cases} \text{矩阵运算} \begin{cases} \text{矩阵相加} \\ \text{矩阵相减} \\ \text{矩阵相乘} \end{cases} \\ \\ \text{矩阵旋转} \begin{cases} \text{矩阵转置（行列互换）} \\ \text{顺时针旋转 } 90° \\ \text{逆时针旋转 } 90° \end{cases} \end{cases}$$

1．矩阵相加

$$A + B = \left(a_{ij} + b_{ij} \right)_{m×n}$$

$$A + B = \begin{pmatrix} a_{11} + b_{11} & a_{12} + b_{12} & \cdots & a_{1n} + b_{1n} \\ a_{21} + b_{21} & a_{22} + b_{22} & \cdots & a_{2n} + b_{2n} \\ \cdots & \cdots & \cdots & \cdots \\ a_{m1} + b_{m1} & a_{m2} + b_{m2} & \cdots & a_{mn} + b_{mn} \end{pmatrix}$$

注意

只有同型矩阵才能相加。

2．矩阵相减

$$A-B = (a_{ij} - b_{ij})_{m×n}$$

$$A - B = \begin{pmatrix} a_{11} - b_{11} & a_{12} - b_{12} & \cdots & a_{1n} - b_{1n} \\ a_{21} - b_{21} & a_{22} - b_{22} & \cdots & a_{2n} - b_{2n} \\ \cdots & \cdots & \cdots & \cdots \\ a_{m1} - b_{m1} & a_{m2} - b_{m2} & \cdots & a_{mn} - b_{mn} \end{pmatrix}$$

3．矩阵相乘

左矩阵 A 的列数 = 右矩阵 B 的行数

$$A=\begin{pmatrix} a_{11} & \cdots & a_{1t} \\ \vdots & & \vdots \\ a_{m1} & \cdots & a_{mt} \end{pmatrix}_{m\times t} \qquad B=\begin{pmatrix} b_{11} & \cdots & b_{1n} \\ \vdots & & \vdots \\ b_{t1} & \cdots & b_{tn} \end{pmatrix}_{t\times n}$$

则 $AB=C=\begin{pmatrix} c_{11} & \cdots & c_{1n} \\ \vdots & \ddots & \vdots \\ c_{m1} & \cdots & c_{mn} \end{pmatrix}_{m\times n}$

其中 $c_{ij}=a_{i1}b_{1j}+a_{i2}b_{2j}+...+a_{it}b_{tj}(i=1,2,...m; \quad j=1,2,...n)$

4．矩阵转置

$$A=\begin{pmatrix} 1 & 2 & 3 \\ 4 & 5 & 6 \\ 7 & 8 & 9 \end{pmatrix} \xrightarrow{\text{行列互换}} B=\begin{pmatrix} 1 & 4 & 7 \\ 2 & 5 & 8 \\ 3 & 6 & 9 \end{pmatrix}$$

5．逆时针旋转 90°

$$A=\begin{pmatrix} 1 & 2 & 3 \\ 4 & 5 & 6 \end{pmatrix} \quad 90° \quad B=\begin{pmatrix} 3 & 6 \\ 2 & 5 \\ 1 & 4 \end{pmatrix}$$

6．顺时针旋转 90°

$$A=\begin{pmatrix} 11 & 12 & 13 & 14 \\ 21 & 22 & 23 & 24 \\ 31 & 32 & 33 & 34 \end{pmatrix} \quad 90° \quad B=\begin{pmatrix} 31 & 21 & 11 \\ 32 & 22 & 12 \\ 33 & 23 & 13 \\ 34 & 24 & 14 \end{pmatrix}$$

典型案例

案例一

A 与 B 两个印刷厂一、二月份生产作业本数量如下表所示，编程求甲乙两厂一、二月生产作业本数量之和并输出。

A	甲种作业本	乙种作业本	丙种作业本
一月	2000	4600	3000
二月	2500	3500	5000

B	甲种作业本	乙种作业本	丙种作业本
一月	1400	6500	4000
二月	2700	6000	5000

案例分析：

（1）定义二维数组 A[2][3]、B[2][3]，分别保存 A 和 B 厂一二月生产作业本数量。

$$a=\begin{pmatrix} 2000 & 4600 & 3000 \\ 2500 & 3500 & 5000 \end{pmatrix} \qquad b=\begin{pmatrix} 1400 & 6500 & 4000 \\ 2700 & 6000 & 5000 \end{pmatrix}$$

```
    Int a[2][3]={2000,4600,3000,2500,3500,5000};
    Int b[2][3]={1400,6500,4000,2700,6000,5000};
```

（2）定义数组 C[2][3],用于保存 A、B 两数组之和。

```
  Int c[2][3];
```

（3）数组相加。
> 确定相加的行数，写出外循环： `for(i=0;i<2;i++)`
> 确定相加的列数，写出内循环： `for(j=0;j<3;i++)`
> 确定内循环语句： `c[i][j]=a[i][j]+ b[i][j];`
（4）输出 C 数组。
> 外循环，控制输出行数： `for(i=0;i<2;i++)`
> 内循环，控制输出列数： `printf("%d",c[i][j]);`
> 打印具体数组元素： `for(j=0;j<3;i++)`
> 内循环结束，换行： `printf("\n");`

参考程序：

```
Main()
{ int i,j;
  int a[2][3]={2000,4600,3000,2500,3500,5000};
int b[2][3]={1400,6500,4000,2700,6000,5000};
  int c[2][3];
  for(i=0;i<2;i++)
    for(j=0;j<3;j++)
  c[i][j]=a[i][j]+ b[i][j];
  for(i=0;i<2;i++)
   { for(j=0;j<3;j++)
     printf("%d",c[i][j]);
   printf("\n");
   }
 }
```

案例二

设 $A = \begin{pmatrix} 1 & 2 & 3 & 4 \\ 8 & 7 & 6 & 5 \\ 9 & 10 & 11 & 12 \end{pmatrix}$，$B = \begin{pmatrix} 1 & 3 & 6 & 10 & 14 \\ 2 & 5 & 9 & 13 & 17 \\ 4 & 8 & 12 & 16 & 19 \\ 7 & 11 & 15 & 18 & 20 \end{pmatrix}$

编程求矩阵 A 与矩阵 B 的乘积 C。

案例分析：

> 矩阵相乘，必须左边的矩阵 A 的列数与右边矩阵 B 的行数相等，本例符合矩阵相乘的要求，A 矩阵为 3 行 4 列，B 矩阵 4 行 5 列，其乘积为 3 行 5 列的矩阵 C。分别定义数组 a[3][4]、b[4][5]、c[3][5]。

> 如下表所示 i=1,j=2，c 数组的 c[1][2]单元元素为 a 数组的第 1 行与 b 数组第 2 列对应元素积的累加。

数组 c

i\j	0	1	2	3	4
0					
1			▓		
2					

数组 a

i\k	0	1	2	3
0				
1	8	7	6	5
2				

数组 b

k\j	0	1	2	3	4
0			6		
1			9		
2			12		
3			15		

累加规律如下：

```
c[1][2]=0
c[1][2]= c[1][2]+a[1][0]*b[0][2]
c[1][2]= c[1][2]+a[1][1]*b[1][2]
c[1][2]= c[1][2]+a[1][2]*b[2][2]
c[1][2]= c[1][2]+a[1][3]*b[3][2]
```

累加过程中，a 数组的行标 i=1 不变，列标 k 从 0 到 3；b 数组的行标 k 从 0 到 3，列标 j=2 不变。实现累加程序段为：

```
c[1][2]=0;
for (k=0;k<=3;k++)
   c[1][2]=c[1][2]+a[1][k]*b[k][2];
```

推而广之，对于 c 数组的任意单元 c[i][j]，实现积的累加的程序段为：

```
c[i][j]=0;
for (k=0; k<=3;k++)
   c[i][j]=c[i][j]+a[i][k]*b[k][j];
```

➢ 计算矩阵 c 各个元素 c(i,j)，可使用双重循环，外循环 i 控制行 j 控制列，并分别作为数组的第一维与第二维的下标，程序段如下：

```
for (i=0; i<=2;i++)
   for (j=0; i<=4;j++)
     { 求 c[i][j]的程序段 }
```

参考程序：

```
main( )
{//初始化
 int i,j,k;
 int a[3][4]={{1,2,3,4},{8,7,6,5},{9,10,11,12}};
 int b[4][5]= {{1,3,6,10,14},{2,5,9,13,17},{4,8,12,16,19},{7,11,15,18,
20}};
 int c[3][5];
 //打印矩阵 A 和 B
```

```
printf("矩阵A: \n");
for (i=0; i<=2;i++)
    {for (j=0; j<=3;j++)
      printf("%d",c[i][j]);
     printf("\n");
}
printf("矩阵B: \n");
for (i=0; i<=3;i++)
    {for (j=0; j<=4;j++)
      printf("%d",b[i][j]);
     printf("\n");
}
//求A*B的矩阵C
  for (i=0; i<=2;i++)
     for (j=0; j<=4;j++)
      { c[i][j]=0;
for (k=0; k<=3;k++)
        c[i][j]=c[i][j]+a[i][k]*b[k][j];
}
//打印A*B的矩阵C
printf("A*B的矩阵C: \n");
for (i=0; i<=2;i++)
    {for (j=0; i<=4;j++)
      printf("%d",c[i][j]);
     printf("\n");
}}
```

案例三

有一个 5×6 的二维矩阵，各单元数随机产生，数值范围为两位正整数。输出该矩阵及其顺时针旋转 90°后的矩阵。

案例分析：

假定数组 a 数据如下表所示，顺时针旋转 90°后数据保存在数组 b，则 a 数组的第一行移到了 b 的最后一列，a 的第二行移到了 b 的倒数第二列……

数组 a

i \ j	0	1	2	3	4	5
0	10	11	12	13	14	15
1	20	21	22	23	24	25
2	30	31	32	33	34	35
3	40	41	42	43	44	45
4	50	51	52	53	54	55

数组 b

x \ y	0	1	2	3	4
0	50	40	30	20	10
1	51	41	31	21	11
2	52	42	32	22	12
3	53	43	33	23	13
4	54	44	34	24	14
5	55	45	35	25	15

旋转类题目的关键是从旋转前后两矩阵元素的位置找到变换关系。在此我们以数组 a 的第 1 行元素为例，写出旋转前后 a 数组的第 1 行与旋转后 b 数组的最后一列第 4 列元素值、行和列下标内存变量对应关系表如下表所示。

a 数组第一行、b 数组最后一列数据位置对应关系

数 \ 变量	b 数组		a 数组	
	行标 x	列标 y	行标 i	列标 j
10	0	4	0	0
11	1	4	0	1
……	……	……	……	……
15	5	4	0	5

分析 x,y,i,j 四个内存变量的关系有：x=j（j=x）、y=4-i（i=4-y），则以 b 数组为主对象，考虑其中的元素从 a 数组的哪个单元获取值的关系表达式是 b[x][y]=a[?][?]，我们已经得到 i=4-y,j=x,所以不难写出赋值语句 b[x][y]=a[4-y][x]；如果我们以数组 a 为主对象，考虑其中的元素 a[i][j] 送到 b 数组的哪个单元的表达式是 b[?][?]=a[i][j],因 x=j、y=4-i，所以有赋值语句 b[j][4-i]=a[i][j]。

数组 a 的第一行元素旋转规律算法可表示为：

```
for (x=0;x<=5;x++)    或   for (j=0;j<=5;j++)
    b[x][4]= a[4-4][x];        b[j][4-0]=a[0][j];
```

有了一行的旋转规律，我们就不难推导出数组的所有行的旋转算法了。按行或列的顺序，以不同数组为主对象，求旋转后的数组 b 的程序如下：

方法 1：按数组 a 的行顺序把值赋给数组 b 的核心程序段
for (i=0;i<=4;i++)
for (j=0;j<=5;j++)
b[j][4-i]=a[i][j];
	方法 2：按数组 b 的行顺序从数组 a 取值到 b 数组的核心程序段
	for (x=0;x<=5;x++)
	for (y=0;y<=4;y++)
	b[x][y]= a[4-y][x];

方法 3：按数组 a 的列顺序把值赋给数组 b 的核心程序段
for (j=0;j<=5;j++)
for (i=0;i<=4;i++)
b[j][4-i]=a[i][j];
	方法 4：按数组 b 的列顺序从数组 a 取值到 b 数组的核心程序段
	for (y=0;y<=4;y++)
	for (x=0;x<=5;x++)
	b[x][y]= a[4-y][x];

参考程序：

```
//按数组 b 的列顺序从数组 a 取值到 b 数组
//初始化
#include <stdio.h>
#define M 5
#define N 6
main( )
 {
  int i,j;
  int a[M][N],b[N][M];
  srand((unsigned)time(NULL)); //以时间为随机种子
  for (i=0;i<=M-1;i++)
     {for (j=0;j<=N-1;j++)
```

```
    { a[i][j]=rand()%90+10;   //生成随机数组a，并打印
      printf("%d",a[i][j]);
    }
    printf("/n");
  }
//顺时针旋转90°
  for (i=0;i<=M-1;i++)
      for (j=0;j<=N-1;j++)
      b[j][i]= a[M-1-i][j];
//打印旋转后生成的数组b
  for (i=0;i<=N-1;i++)
    {for (j=0;j<=M-1;j++)
     printf("%d",b[i][j]);
    printf("/n");
    }
}
```

小试牛刀（3 条）

（1）分别用两个数组和一个数组对案例 2 的数组 a 逆时针旋转 180°。

（2）下面程序可求出矩阵 a 的两条对角线上的元素之和。请填空。

```
void mian()
 {int 3][3]={1,3,6,7,9,11,14,15,17},sum1=0,sum2=0,i,j;
  for (i=0;i<3;i++)
      for(j=0;j<3;j++)
          if(i==j)sum1=sum1+a[i][j];
  for(i=0;i<3;i++)
      for(_____; _____;j--)
          if((i+j)==2sum2=sum2+a[i][j];
  printf("sum1=%d,sum2=%d\n",sum1,sum2);
 }
```

（3）程序填空。

程序功能：对 4*4 的数组作逆时针旋转 90°的处理。例如：

原数组						旋转后的数组			
1	2	3	4			4	8	12	16
5	6	7	8			3	7	11	15
9	10	11	12			2	6	10	14
13	14	15	16			1	5	9	13

源程序如下：

```
#include <stdio.h>
#define N  4
void rotate(int r[][N],int n)
{int i,j,t;
 for(i=0;i<n/2;i++)
     for(j=i;j<n-i-1;j++)
{  t=【 ? 】;
```

```
                r[i][j]=r[j][n-1-i];
                r[j][n-1-i]=r[n-1-i][n-1-j];
                r[n-1-i][n-1-j]=【 ? 】;
                r[n-1-j][i]=t;
            }
    }
void print(int r[][N],int n)
{int i,j;
 for(i=0;i<n;i++)
 { for(j=0;j<n;j++)
      printf("%4d",r[i][j]);
   printf("\n");
 }
}
int main()
{int a[N][N];
 int i,j;
 for(i=0;i<N;i++)
    for(j=0;j<N;j++)
       a[i][j]=i*N+j+1;
 print(a,N);
 rotate(a,N);
   printf("\n");
 print(a,N);
 return 0;
}
```

专题小结

五种旋转方式的比较（设原矩阵为 m 行 n 列）

旋转方式	实现旋转程序段

矩阵转置
 	
 旋转前： 旋转后：
 $\begin{pmatrix} 1 & 2 & 3 \\ 4 & 5 & 6 \\ 7 & 8 & 9 \end{pmatrix}$ $\begin{pmatrix} 1 & 4 & 7 \\ 2 & 5 & 8 \\ 3 & 6 & 9 \end{pmatrix}$
	for (i=0;i<=m-1;i++)
	 for (j=0;j<=n-1;j++)
	 b[j][i]=a[i][j];

顺时针旋转 90°
 	
 旋转前： 旋转后：
 $\begin{pmatrix} 10 & 11 & 12 & 13 \\ 20 & 21 & 22 & 23 \\ 30 & 31 & 32 & 33 \end{pmatrix}$ $\begin{pmatrix} 30 & 20 & 10 \\ 31 & 21 & 11 \\ 32 & 22 & 12 \\ 33 & 23 & 13 \end{pmatrix}$
	for (i=0;i<=m-1;i++)
	 for (j=0;j<=n-1;j++)
	 b[j][m-1-i]=a[i][j];

逆时针旋转 90°
 	
 旋转前： 旋转后：
 $\begin{pmatrix} 10 & 11 & 12 & 13 \\ 20 & 21 & 22 & 23 \\ 30 & 31 & 32 & 33 \end{pmatrix}$ $\begin{pmatrix} 13 & 23 & 33 \\ 12 & 22 & 32 \\ 11 & 21 & 31 \\ 10 & 20 & 30 \end{pmatrix}$
	for (i=0;i<=m-1;i++)
	 for (j=0;j<=n-1;j++)
	 b[n-1-j][i]=a[i][j];

旋转方式	实现旋转程序段

顺、逆时针旋转 180°
 	
旋转前：　　　　旋转后：
$$\begin{pmatrix} 10 & 11 & 12 & 13 \\ 20 & 21 & 22 & 23 \\ 30 & 31 & 32 & 33 \end{pmatrix} \begin{pmatrix} 33 & 32 & 31 & 30 \\ 23 & 22 & 21 & 20 \\ 13 & 12 & 11 & 10 \end{pmatrix}$$
	for (i=0;i<=m-1;i++)
	　　for (j=0;j<=n-1;j++)
	　　　b[m-1-i][n-1-j]=a[i][j];

专题三　数据查找

▌知识点

数据查找是数据处理的一种重要方法，就是从一组数据中按要求找到规定的数据。数据查找一般可以有两种查找方法：顺序查找和折半查找（又叫二分查找或对半查找）。

顺序查找原理：从查找范围内的第一个记录开始，将其与要查找的数据进行比较，如果符合要求则找到该数据，否则继续往下，判断下一个记录是否符合要求，直到找到数据或者查完为止。

折半查找原理：对半查找首先找到中间的记录，如果中间的记录与要查找的数据相吻合，则找到；如果中间的数据比要查找的数据大，则将右边界移动到中间记录的左边，在该中间数据的左半边继续查找；如果中间数据比要查找的数据小，则将左边界移动到中间记录的右边，在该中间数据的右半边继续查找。如果出现后两种情况，则在缩小后的范围内继续使用折半查找，直到找到目标。如果测试完所有记录均未找到目标，则表示查找范围内没有该数据，则查找也结束。

两种查找法比较：

顺序查找的算法简单，容易操作，但如果数组中元素较多时，则花费的时间较长；对数组元素是否有序排列不作要求。

折半查找相对于顺序查找要快得多，但是折半查找要求数组中的元素必须已经排好序，否则不能应用折半查找。

一般思路：

1．顺序查找

（1）确定查找的起始范围；

（2）确定查找的结束条件；

（3）输出查找结果。

2．折半查找（以升序为例）

（1）确定左边界 l，右边界 r 及中间位置 mid 的初始值。

（2）判断中间位置的数据是否是要查找的数据 X，如果是则结束查找。

（3）如果不是则可能出现下面两种情况：

中间位置的数据 a[mid]>X，则由数组元素的有序性可知 a[mid~n-1]均大于 X，因此 X 必定是在 mid 左边的元素 a[0~mid-1]中，即 r=mid-1；

中间位置的数据 a[mid]<X，则由数组元素的有序性可知 a[0~mid]均小于 X，因此 X 必定是在 mid 右边的元素 a[mid+1~n-1]中，则 l=mid+1；

（4）如果出现（3）的情况则继续采用折半查找，直到出现（2）的结果或者所有数据均不符合查找要求，查找结束。

案例精讲

案例 1：顺序查找

　　输入 10 个数，将它们存入数组中，再输入一个数 x，然后在数组中查找 x，如果找到，输出相应的下标（如有多个元素与 x 相等，只要输出下标值最小的那个元素下标），否则，输出没找到。

```
#include<stdio.h>
main()
{
int k,sub,x;
int a[10];
for(k=0;k<10;k++)
scanf("%d",&a[k]);
printf("input x:\n");
scanf("%d",&x);
sub=-1;
for(k=0;k<10;k++)
if(a[k]==x)_____
if(_____)
printf("index is %d",sub);
else
printf("notfind");
}
```

　　案例分析

　　由题意可知，该数组是一个普通数组，并没有排好序，因而适合采用顺序查找法来查找。顺序查找法就是从头至尾逐个开始查找，如果找到就记录其下标。用来记录下表的变量 sub 其初值为-1，如果查找完成后，sub 的初值不等于-1，就说明该数组中有要查找的数，并输出下标，如果 sub 的值等于-1，就说明该数组中没有要查找的数。

　　参考程序：

```
#include<stdio.h>
main()
{
int k,sub,x;
int a[10];
for(k=0;k<10;k++)
scanf("%d",&a[k]);
printf("input x:\n");
scanf("%d",&x);
sub=-1;
for(k=0;k<10;k++)
if(a[k]==x)  sub=k;
if(sub!=-1)
printf("index is %d",sub);
else
printf("notfind");
}
```

案例 2：折半查找

整型数组 a[10]，已经按升序排列，今输入一个数 X，要求查找是否为该数组中的元素，如果是请输出其所在的位置。

▌▌案例分析

（1）确定左边界 l，右边界 r 及中间位置 mid 的初始值。

对于有 n 个元素的数组，初始查找范围为 0-n-1 因此 l=0,r=n-1,mid=(l+r)/2;

（2）判断中间位置的数是否是要查找的数。

```
if(a[mid]==X)
```

如果 a[mid]==X 的值为 1，则表示找到该数据。

（3）如果 a[mid]==X 的值为 0，则会出现以下两种情况：

$$\begin{cases} a[mid]>x & r=mid-1; \\ a[mid]<x & l=mid+1; \end{cases}$$

（4）如果是（3）的情况，求出新的 mid，继续判断是否是要查找的数据，如果不是，继续执行 3），直到找到该数据或者查找完毕没有该数据为止（即 l>r 时）。

参考程序：

```
#include<stdio.h>
main()
{
int n=10,x;
int l=0,r=n-1,mid,f=0;
int a[10]={10,11,12,14,15,16,17,18,19,20};
printf("请输入要查找的数：");
scanf("%d",&x);
while(f==0&&l<r)
{
mid=(l+r)/2;
if(a[mid]==x)
f=1;
else if(a[mid]>x)
r=mid-1;
else
l=mid+1;
}
if(f)
printf("该数据位于数组%d的位置上",mid);
else
printf("没有找到该数据");
}
```

案例 3：折半查找应用——数据的删除

用对半查找法在已排序的数组 a[]={12,14,16,20,22,24,26}中查找 20，如果找到则将该数据删除。

案例分析

据题目要求可知，该程序设计主要分为两大部分：第一部分采用二分查找法查找数据，二分法查找数据的方式前面已作介绍；第二部分如果该数组中有该数据，则将该数据删除。而删除的实现方法：被删除数据后的数据逐个前移。

比如一个数组 a 中有这些元素：

2	1	0	5	7	8

要求删除元素 a[3]。

找到 a[3] 的位置，

2	1	0	5	7	8

将 a[3] 后面的 a[4] 移动到 a[3] 的位置，a[5] 移动到 a[4] 的位置。

2	1	0	5	7	8

结果为：

2	1	0	7	8	

参考程序：

```c
#include<stdio.h>
main()
{
int a[7]={12,14,16,20,22,24,26};
int i,l=0,r=6,mid,j;
for(i=0;i<7;i++)
{
mid=(l+r)/2;
if(a[mid]==20)
{
for(j=mid+1;j<7;j++)
a[j-1]=a[j];
}
else if(a[mid]<20)
l=mid+1;
else
r=mid-1;
}
for(i=0;i<6;i++)
printf("%d",a[i]);
}
```

案例4：顺序查找应用——数据的插入

用顺序查找在数组元素 20 后插入一个新的元素 X。如果数组中没有元素 20，则将 X 插入到数组的最后面。

案例分析

案例 4 和案例 3 有很多相似部分，本案例的程序设计仍然分为两大部分：第一部分采用顺序查找法查找数据；第二部分如果该数组中有该数据，则将数据 X 插入到该数据后面，如果没找到则插入到数组的最后面。数据插入的实现方法：从最后一个元素到要查找的数据的后面一个元素逐个后移，然后将 X 插入到要查找的数据之后。

比如有一个数组：

现要在元素 a[2]后插入一个元素 X。

找到要插入元素的位置：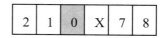

从最后一个元素到要查找的数据的后面一个元素逐个后移：

移动结果：

将 X 插入要查找的数据之后：实际是用 X 的值覆盖原先的数据。

参考程序：

```
#include<stdio.h>
main()
{
int a[7]={12,14,16,20,22,24};
int x;
printf("请输入要插入的数据：")
scanf("%d",&x);
for(i=0;i<6;i++)
{
if(a[i]==20)
for(j=6;j>i;j++)
a[j]=a[j-1];
}
if(i>=6)
a[6]=x;
for(i=0;i<7;i++)
printf("\n%d",a[i]);
}
```

小试牛刀

（1）用对半查找法把 18 依序插入已排序的数组 a[6]={12,14,16,20,22}。

（2）用顺序查找法在数组 a[10]中找到指定的数 X。

（3）随机产生 20 个[10,99]之间的整数，并按从小到大的顺序排列，先从键盘输入一个数 a，并查找该数在上述有序数列中的位置。仔细阅读程序，完善该程序。

```
#include<stdlib.h>
#include<stdio.h>
#include<time.h>
main()
{
int i,j,a[20],x,aa;
int l,h,mid,d,f;
```

```
srand((unsigned)time(NULL));
for(i=0;i<20;i++)
{
a[i]=rand()%_____
x=a[i];
j=i-1;
while(x<a[i]&&j>=0)
{
_____
j=j-1;
}
a[j+1]=x;
}
for(i=0;i<20;i++)
printf("%5d",a[i]);
printf("\n");
scanf("%d",&aa);
l=0;h=19;f=0;
while(l<h)
{
mid=_____
d=aa-a[mid];
if(d>0)
l=mid+1;
else if  (d<0)
_____
else
{
printf("aa=%d,mid=%d",aa,mid);
f=1;
break;
}
}
if(f==0)
printf("no find");
}
```

专题四　数据排序

▌ 知识链接

一、冒泡法

原理：对于 n 个元素的数组 a，从 a[0]开始，依次将其和后面的所有元素比较，若 a[0]>a[i]，则交换它们，一直比较到 a[n-1]。同理对 a[1],a[2],...a[n-2]处理，即完成排序。

冒泡法排序程序代码：

```
int i,j,temp;
for(i=0;i<n-1;i++)
    for(j=i+1;j<n;j++)
        if(a[i]>a[j])
        {
            temp=a[i]; a[i]=a[j]; a[j]=temp;
        }
```

冒泡法原理简单，但交换次数多，效率较低。

二、选择法

原理：选择法排序过程与冒泡法一致，最大的区别在于采用变量 k 记录 i 的位置（k=i），然后依次把 a[k]同后面元素比较，若 a[k]>a[j]，则使 k=j。最后判断 k==i 是否成立，不成立则交换 a[k]，a[i]，这样就比冒泡法省下许多无用的交换，每次比较最多只交换一次(若 i==k，则不交换)，提高了效率。

选择法排序的程序代码：

```
int i,j,temp;
for(i=0;i<n-1;i++)
{
    k=i;                        /*记录 i 的位置*/
    for(j=i+1;j<n;j++)
        if(a[k]>a[j])  k=j;     /*k 记录最小元素的位置*/
    if(i!=k)        /*当 k!=i 时才交换，否则 a[i]即为最小*/
        {
            temp=a[i]; a[i]=a[k]; a[k]=temp;
        }
}
```

三、插入法

原理：插入法首先把数组前两个元素排好序，即 a[1]与 a[0]比较，再依次把后面的元素插入到适当的位置。如数组元素 a[i]插入时从 a[i-1]开始找比 a[i]小的数，同时把数组元素向后移，直到出现不小于 a[i]的数或已经找到 a[0]时，插入 a[i]值到该位置。

插入法排序的程序代码：

```
int i,j,temp;
for(i=1;i<n;i++)
{
temp=a[i];   /*temp 记录要插入的元素*/
j=i-1;
while(j>=0&&temp<a[j])   /*从 a[i-1]开始找比 a[i]小的数,同时把数组元素向后移*/
{
a[j+1]=a[j];
j--;
}
a[j+1]=temp;   /*插入元素*/
}
```

典型案例

设计程序

国内某选秀活动在南京地区海选，共有 8 位评委，活动要求 8 位评委对每位参赛选手以 10 分制进行打分。编写程序实现：

（1）按照从低到高的顺序依次显示 8 位评委打分。

（2）显示选手的最后得分（比赛规定：选手的最终得分为去掉一个最高分和一个最低分，计算余下 6 位评委的平均分，保留一位小数）。

案例分析

要求选手的最后得分，首先要对 8 位评委的成绩进行排序，然后去掉一个最低分和最高分，最后可对余下 6 位评委进行求平均分。具体编程可参照下列思路：

1. 确定数组

对于数据排序首先要将数据存入数组中，根据题目要求确定数组类型、大小。

根据题目要求可定义数组：

```
float a[8]
for(i=0;i<8;i++)
scanf("%d",&a[i]);
```

2. 数据排序

C 程序设计中常用的比较简单的数据排序如上面介绍的三种方法。假定从小到大排序：

冒泡法

```
int i,j;
float a[8] ,temp;
for(i=0;i<8;i++)
    scanf("%d",&a[i]);
for(i=0;i<7;i++)
    for(j=i+1;j<8;j++)
        if(a[i]>a[j])
            {
            temp=a[i]; a[i]=a[j]; a[j]=temp;
            }
```

选择法

```
int i,j,k;
float a[8] ,temp;
for(i=0;i<8;i++)
    scanf("%d",&a[i]);
for(i=0;i<7;i++)
{
    k=i;                              /*记录 i 的位置*/
    for(j=i+1;j<8;j++)
        if(a[k]>a[j])  k=j;          /*k 记录最小元素的位置*/
    if(i!=k)                          /*当 k!=i 时才交换，否则 a[i]即为最小*/
        {
            temp=a[i]; a[i]=a[k]; a[k]=temp;
        }
}
```

插入法

```
int i,j;
float a[8] ,temp;
for(i=0;i<8;i++)
    scanf("%d",&a[i]);
for(i=1;i<8;i++)
{
    temp=a[i];    /*temp 记录要插入的元素*/
    j=i-1;
    while(j>=0&&temp<a[j])/*从 a[i-1]开始找比 a[i]小的数,同时把数组元素向后移*/
        {
            a[j+1]=a[j];
            j--;
        }
    a[j+1]=temp;    /*插入元素*/
}
```

3. 汇总求平均

排序后进行去除最高分 a[8]和最低分 a[0]，对余下 6 组数据求平均。

```
for(i=1;i<7;i++)
temp+=a[i];    /*temp 累加求和*/
temp=temp/6;
```

参考程序：

```
#include<stdio.h>
#include<math.h>
main()
{
int i,j;
float a[8] ,temp;
for(i=0;i<8;i++)
    scanf("%d",&a[i]);
```

```
for(i=1;i<8;i++)
{
    temp=a[i];    /*temp 记录要插入的元素*/
    j=i-1;
    while(j>=0&&temp<a[j])/*从 a[i-1]开始找比 a[i]小的数，同时把数组元素向后移*/
    {
        a[j+1]=a[j];
        j--;
    }
  a[j+1]=temp;    /*插入元素*/
}
for(i=1;i<7;i++)
    temp+=a[i];    /*temp 累加求和*/
temp=temp/6;
for(i=0;i<8;i++)
printf(%5.1f",a[i]);
printf(%5.1f ", temp);
}
```

小试牛刀

1. 随机产生 100 个 50~99 范围内的数，按照从小到大依次输出。

2. 阅读下列程序，在空白处完善程序。

```
#include <stdio.h>
#define N 15

main( )
{int i,j,k,temp,a[N];
/*1--输入*/
 printf("请输入 15 个数:\n");
 for(i=0;i<N;i++)
    {
    printf("a[%d]=",i);
    ____①____ ;
    }
 printf("\n");
 for(i=0;i<N;i++)
    printf("%4d",a[i]);
printf("\n");
/*2--排序*/
 for(i=0;i< ____②____ ;i++)
 {k=i;
    for(j=i+1;j<N;j++)
    if(a[k]>a[j]) k=j;
        temp=a[i];
        ____③____ ;
        a[k]=temp;
 }
/*3--输出*/
```

```
printf("排序后：\n");
 for(i=0;i<N;i++)
    ____④____ ;
}
```

3．期末考试中 12 级计算机 1 班有 50 同学参加了计算机原理、网络技术、平面设计、C 程序设计四门专业课的考试，要求将四门课的成绩分别由高到低排列输出。

4．将 3*4 的二维数组 a 中的素数按顺序存放到数组 b 中，非素数存放在数组 c 中，并分别输出各数组中的内容。

5．将 4*5 的二维数组 a 中的所有元素按行的顺序依次存放在一维数组 b 中，以列的顺序依次存放在数组 c 中，并输出结果。

专题五 递推与递归

▌ 递推知识点

在规定的初始条件下，找出后项对前项的依赖关系的操作，称为递推。递推一般用循环来解决，从已知条件到未知逐渐接近结果，即根据具体问题，建立递推关系，再通过递推关系求解的方法。

一般思路：

解题思路如下：

（1）将复杂运算分解为若干重复的简单运算；

（2）后一步骤建立于前一步骤之上；

（3）计算每一步骤的方法相同；

（4）从开始向后计算出结果；

（5）使用循环结构，通过多次循环逐渐逼近结果。

关键点：

（1）找出边界条件：下一项的值对其前一项有着某种依赖关系，因而要求某项的值必须要从第一项起经过逐次推算而得到。第一项的值须事先给定，即称为边界条件。

（2）推导出递推公式或通项式：根据下一项的值对其前一项的这种依赖关系，可以推导出一个计算公式，即递推公式，或者用归纳法求出通项公式。

▌ 案例精讲

案例1：求第 n 项值

有一组数规律如下：0，5，5，10，15，25，40，…。求出该数列第 n 项数值。

案例分析：

观察该组数据可知，从第三项开始，以后每项的值都是前两项的和。因此可将第一项和第二项作为本案例的边界条件。设 $f(n)$ 表示数列中第 n 项的数值，则 $f(1)=0$ ，$f(2)=5$，$f(n)=f(n-2)+f(n-1)$ $(n \geqslant 3)$ 是递推公式。

在 C 语言的实现过程我们取 f1，f2，f 三个变量，分别表示前二项、前一项与当前项，f1，f2 分别取初值为 0 与 5。第一次通过递推公式 f=f1+f2 得到第三项，并进行移位，即 f1 取 f2 值、f2 取 f 值，为下次递推作准备……经过 n-2 次的递推，f 就是第 n 项的值。

参考程序：

```
#include<stdio.h>
main()
{
int f1,f2,f,i,n;
f1=0,f2=5;                    /*给定边界初值*/
```

```
printf("请输入要求的项：");
scanf("%d",&n);
for(i=3;i<=n;i++)          /*从第三项开始呈现规律性的变化*/
{
f=f1+f2;                   /*递推公式*/
f1=f2;
f2=f;
}
printf("\n%d项的值为%d",n,f);
}
```

案例2：切饼问题

古有善切饼者，名庖丙，庖丁之弟也。把一张大饼置于板上，不许离开，每一刀切下去都是一条直线。问切 20 刀最多能分成多少块？

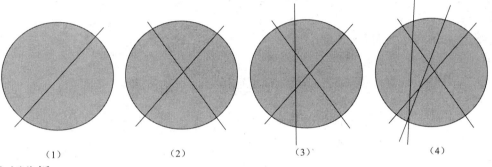

（1）　　　　　　　（2）　　　　　　　（3）　　　　　　　（4）

案例分析：

$a(n)$ 表示切 n 刀可以分成的块数，根据经验可知：

切第一刀最多变成两块饼，如上图（1），即 $a(1) = 1 + 1 = 2$；

切第 2 刀最多可以多出 2 块饼，如上图（2），即 $a(2) = 2 + 2 = 4$；

切第 3 刀最多可以多出 3 块饼，如上图（3），即 $a(3) = 4 + 3 = 7$；

切第 4 刀最多可以多出 4 块饼，如上图（4），即 $a(4) = 7 + 4 = 11$。

由此可以推导出当切 n 刀时，最多可以多出 n 块饼，即 $a(n) = a(n-1) + n$（递推公式）。根据前面的知识我们知道解决递推类问题必须具备两个条件，除了我们已经总结出来的递推公式以外，还必须要知道边界条件，也就是初始值。本题的边界条件很容易确定，也就是当一刀不切时饼的块数为 1，即 $a(0) = 1$。

参考程序：

```
#include<stdio.h>
main()
{
int n,an,i;
n=20;
an=1;
for(i=1;i<=20;i++)
an=an+i;
printf("切 20 刀最多可切出%d 块饼",an);
}
```

递归知识点

递归即通过函数调用自身将问题转化为本质相同但规模较小的子问题，是分治策略的具体体现。

一个函数在它的函数体内调用它自身称为递归调用，包括直接调用和间接调用。通过这种方法，把复杂的问题层层转化为一个与原问题相似的规模较小的问题来求解。递归算法只需少量的程序就可描述出解题过程所需要的多次重复计算。

一般思路：

一般来说，递归需要有边界条件、递归前进段和递归返回段。当边界条件不满足时，递归前进；当边界条件满足时，递归返回。

1. 使用递归要注意以下几点：

（1）递归就是在函数内部调用自身；

（2）在使用递增归时，必须有一个明确的递归结束条件，称为递归出口。这是为了防止递归调用无终止地进行，加上这个条件判断后，当满足某种条件后就不再作递归调用，然后逐层返回。

2. 递归算法的一般思路：

（1）描述递归关系，这种递归的关系可以由递归描述，也可以由递推描述；

（2）确定递归的边界，即确定递归的结束条件；

（3）写出递归的数学关系。

案例精讲

案例 1：求 $n!$

案例分析：

1. 描述递归关系：

对于求 $n!$ 的问题我们可以先从一个具体的问题入手，比如求 $5!$。我们知道 $5!=5*4*3*2*1$，即 $5!=5*4!$，因此我们只要求出 $4!$ 乘以 5 就可以了。而 $4!=4*3!$，我们只要求出 $3!$ 乘以 4 就可以了……因此我们可以得出这样一个关系：$n!=n*(n-1)!$（$n>1$）。我们注意到，当 $n>1$ 时，$n!=n*(n-1)!$（$n=0$ 时，$0!=1$），这就是一种递归关系。

2. 确定递归的边界：

在本例中，递归边界为 $n=1$，即 $1!=1$。对于任意给定的 $n!$，程序将最终求解到 $1!$。确定递归边界十分重要，如果没有确定递归边界，将导致程序无限递归而引起死循环。

3. 写出递归的数学关系。

将步骤 1 和步骤 2 中的递归关系与边界统一起来用数学语言来表示，即：

$$\begin{cases} n!=n*(n-1)! & \text{当 } n>1 \text{ 时} \\ n!=1 & \text{当 } n=1 \text{ 时} \end{cases}$$

参考程序：

```c
#include<stdio.h>
int s(int n)
{
    int p;
    if(n==1)          /*递归边界*/
```

```
                    p=1;
                else
                    p=n*s(n-1);        /*递归关系的呈现*/
                    return p;
        }


main()
{
        int n;
        printf("请输出要求的阶乘：");
        scanf("%d",&n);
        printf("结果是：%d",s(n));
}
```

案例2：排队购票

一场球赛开始前，售票工作正在紧张地进行中。每张球票为 50 元，现有 30 个人排队等待购票，其中有 20 个人手持 50 元的钞票，另外 10 个人手持 100 元的钞票。假设开始售票时售票处没有零钱，求出这 30 个人排队购票，使售票处不至出现找不开钱的局面的不同排队种数。（约定：拿同样面值钞票的人对换位置后为同一种排队。）

案例分析

1．递归关系描述：

我们考虑一般情形：有 $m+n$ 个人排队等待购票，其中有 m 个人手持 50 元的钞票，另外 n 个人手持 100 元的钞票。

设 $f(m,n)$ 表示有 m 个人手持 50 元的钞票，n 个人手持 100 元的钞票时共有的方案总数。具体可分为以下三大类：

当 $n=0$ 时，意味着排队购票的所有人手中拿的都是 50 元的钱币，注意到拿同样面值钞票的人对换位置后为同一种排队，那么这 m 个人的排队总数为 1，即 $f(m,0)=1$；

当 $m<n$ 时，即排队购票的人中持 50 元的人数小于持 100 元的钞票，即使把 m 张 50 元的钞票都找出去，仍会出现找不开钱的局面，所以这时排队总数为 0，即 $f(m,n)=0$。

当 $m>n$ 时，$m+n$ 个人排队购票，第 $m+n$ 个人站在第 $m+n-1$ 个人的后面，则第 $m+n$ 个人的排队方式可由下列两种情况获得：

（1）第 $m+n$ 个人手持 100 元的钞票，则在他之前的 $m+n-1$ 个人中有 m 个人手持 50 元的钞票，有 $n-1$ 个人手持 100 元的钞票，此种情况共有 $f(m,n-1)$。

（2）第 $m+n$ 个人手持 50 元的钞票，则在他之前的 $m+n-1$ 个人中有 $m-1$ 个人手持 50 元的钞票，有 n 个人手持 100 元的钞票，此种情况共有 $f(m-1,n)$。

由加法原理得到 $f(m,n)$ 的递推关系：

```
f(m,n)=f(m,n-1)+f(m-1,n)
```

2．递归边界确定

由上面的分析可知边界的初始条件为：

当 $m<n$ 时，$f(m,n)=0$

当 $n=0$ 时，$f(m,n)=1$

3. 写出递归的数学关系表达式：

$$
\begin{cases}
f=1 & (n=0) \\
f=0 & (m<n) \\
f=f(m,n-1)+f(m-1,n) & (m>n)
\end{cases}
$$

参考程序：

```c
#include<stdio.h>
long f(int j,int i)
{
 long y;
    if(i==0) y=1;
    else if(j<i) y=0;              /* 确定初始条件 */
    else y=f(j-1,i)+f(j,i-1);      /*实施递归 */
    return(y);
}
void main()
{  int m,n;
    printf(" input m,n: ");
    scanf("%d,%d",&m,&n);
    printf("  f(%d,%d)=%ld.\n",m,n,f(m,n));
 }
```

小试牛刀

1. 计算并输出下列多项式的值：

$Sn=1+1/1!+1/2!+1/3!+1/4!+...+1/n!$

2. 一个农民赶着鸭子去村庄叫卖，每经过一个村子卖掉鸭子的一半多一只，这样他经过 7 个村子后只剩下两只鸭子，请问他出发时共赶了多少只鸭子？

3. 利用递归算法将十进制数转换为二进制数。

附录 A ASCII 码表完整版

ASCII 值	控制字符	ASCII 值	控制字符	ASCII 值	控制字符	ASCII 值	控制字符
0	NUT	32	(space)	64	@	96	、
1	SOH	33	!	65	A	97	a
2	STX	34	”	66	B	98	b
3	ETX	35	#	67	C	99	c
4	EOT	36	$	68	D	100	d
5	ENQ	37	%	69	E	101	e
6	ACK	38	&	70	F	102	f
7	BEL	39	,	71	G	103	g
8	BS	40	(	72	H	104	h
9	HT	41	)	73	I	105	i
10	LF	42	*	74	J	106	j
11	VT	43	+	75	K	107	k
12	FF	44	,	76	L	108	l
13	CR	45	-	77	M	109	m
14	SO	46	.	78	N	110	n
15	SI	47	/	79	O	111	o
16	DLE	48	0	80	P	112	p
17	DCI	49	1	81	Q	113	q
18	DC2	50	2	82	R	114	r
19	DC3	51	3	83	X	115	s
20	DC4	52	4	84	T	116	t
21	NAK	53	5	85	U	117	u
22	SYN	54	6	86	V	118	v
23	TB	55	7	87	W	119	w
24	CAN	56	8	88	X	120	x
25	EM	57	9	89	Y	121	y
26	SUB	58	:	90	Z	122	z
27	ESC	59	;	91	[	123	{
28	FS	60	<	92	/	124		
29	GS	61	=	93	]	125	}
30	RS	62	>	94	^	126	~
31	US	63	?	95	—	127	DEL

NUL 空	VT 垂直制表	SYN 空转同步
SOH 标题开始	FF 走纸控制	ETB 信息组传送结束
STX 正文开始	CR 回车	CAN 作废
ETX 正文结束	SO 移位输出	EM 纸尽
EOY 传输结束	SI 移位输入	SUB 换置
ENQ 询问字符	DLE 空格	ESC 换码
ACK 承认	DC1 设备控制 1	FS 文字分隔符
BEL 报警	DC2 设备控制 2	GS 组分隔符
BS 退一格	DC3 设备控制 3	RS 记录分隔符
HT 横向列表	DC4 设备控制 4	US 单元分隔符
LF 换行	NAK 否定	DEL 删除

附录 B　C 语言中的关键字

auto：声明自动变量

short：声明短整型变量或函数

int：声明整型变量或函数

long：声明长整型变量或函数

float：声明浮点型变量或函数

double：声明双精度变量或函数

char：声明字符型变量或函数

struct：声明结构体变量或函数

union：声明共用数据类型

enum：声明枚举类型

typedef：用以给数据类型取别名

const：声明只读变量

unsigned：声明无符号类型变量或函数

signed：声明有符号类型变量或函数

extern：声明变量是在其他文件中声明

register：声明寄存器变量

static：声明静态变量

volatile：说明变量在程序执行中可被隐含地改变

void：声明函数无返回值或无参数，声明无类型指针

if:条件语句

else：条件语句否定分支（与 if 连用）

switch :用于开关语句

case：开关语句分支

for：一种循环语句

do：循环语句的循环体

while：循环语句的循环条件

goto：无条件跳转语句

continue：结束当前循环，开始下一轮循环

break：跳出当前循环

default：开关语句中的"其他"分支

sizeof：计算数据类型长度

return：子程序返回语句（可以带参数，也可不带参数）循环条件

附录 C　运算符及结合性

优先级	运算符	含义	要求运算对象的个数	结合方法
1	( ) [ ] → ·	圆括号 下标运算标 指向结构体成员运算符 结构体成员运算符		自左至右
2	! ~ ++ -- - (类型) * & sizeof	逻辑非运算符 按位取反运算符 自增运算符 自减运算符 负号运算符 类型转换运算符 指针运算符 地址与运算符 长度运算符	1 (单目运算符)	自右至左
3	* / %	乘法运算符 除法运算符 求余运算符	2 (双目运算符)	自左至右
4	+ -	加法运算符 减法运算符	2 (双目运算符)	自左至右
5	<< >>	左移运算符 右移运算符	2 (双目运算符)	自左至右
6	<<=⌣>>=	关系运算符	2 (双目运算符)	自左至右
7	== !=	等于运算符 不等于运算符	2 (双目运算符)	自左至右
8	&	按位与运算符	2 (双目运算符)	自左至右
9	^	按位异或运算符	2 (双目运算符)	自左至右
10			按位或运算符	2 (双目运算符)	自左至右
11	&&	逻辑与运算符	2 (双目运算符)	自左至右
12	||	逻辑运算符	2 (双目运算符)	自左至右
13	?:	条件运算符	2 (双目运算符)	自左至右
14	=+=-=*= /=%=>>=<<= &=^=	=	赋值运算符	2 (双目运算符)	自右至左
15	,	逗号运算符(顺序求职运算符)		自左至右

说明：

（1）同一优先级的运算符优先级别相同，运算次序由结合方向决定。例如，"*"与"/"具有相同的优先级别，其结合方向为自左至右，因此，3*5 / 4 的运算次序是先乘后除。-和++为同一优先级，结合方向为自右至左，因此-i++相当于-（i++）。

（2）不同的运算符要求有不同的运算对象个数，如+（加）和-（减）为双目运算符，要求在运算符两侧各有一个运算对象（如 3+5、8-3 等）。而++和-（负号）运算符是一元运算符，只能在运算符的一侧出现一个运算对象（如-a、i++、--i、（float）i、sizeof（int）、*p 等）。条件运算符是 C 语言中唯一的一个三目运算符，如 x?a：b。

（3）从上述表中可以大致归纳出各类运算符的优先级：

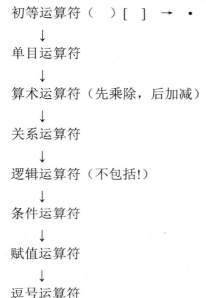

初等运算符（　）[　]　→　·

↓

单目运算符

↓

算术运算符（先乘除，后加减）

↓

关系运算符

↓

逻辑运算符（不包括!）

↓

条件运算符

↓

赋值运算符

↓

逗号运算符

以上的优先级别由上到下递减。初等运算符优先级最高，逗号运算符优先级最低。位运算符的优先级比较分散。为了容易记忆，使用位运算符时可加圆弧号。

附录 D C 库函数

库函数并不是 C 语言的一部分，它是由人们根据需要编制并提供给用户使用的。每一种 C 编译系统都提供了一批库函数，不同的编译系统所提供的库函数的数目和函数名以及函数功能是不完全相同的。ANSI C 标准提出了一批建议提供的标准库函数，它包括了目前多数 C 编译系统所提供的库函数，但也有一些是某些 C 编译系统未曾实现的。由于 C 库函数种类和数目繁多，限于篇幅，此处仅列出基本常用的函数，更多的库函数请参阅相应的 C 语言手册。

1．数学函数类

头文件：#include <math.h>或#include "math.h"

函数名	函数原型	功　能	返　回　值	说　明
abs	int abs(int x);	求整数 x 的绝对值	计算结果	
acos	double acos(double x);	计算 $\cos^{-1}(x)$ 的值	计算结果	x 应在-1 到 1 范围内
asin	double asin(double x);	计算 $\sin^{-1}(x)$ 的值	计算结果	x 应在-1 到 1 范围内
atan	double atan(double x);	计算 $\tan^{-1}(x)$ 的值	计算结果	
atan2	double atan2(double x, double y);	计算 $\tan^{-1}(x/y)$ 的值	计算结果	
cos	double cos(double x);	计算 $\cos(x)$ 的值	计算结果	x 单位为弧度
cosh	double cosh(double x);	计算 x 的双曲余弦 $\cos(x)$ 的值	计算结果	
exp	double exp(double x);	求 e^x 的值	计算结果	
fabs	double fabs(double x);	求 x 的绝对值	计算结果	
floor	double floor(double x);	求出不大于 x 的最大整数	该整数的双精度实数	
fmod	double fmod(double x, double y);	求整数 x/y 的余数	返回余数的双精度数	
frexp	double frexp(double val, int *eptr);	把双精度数 val 分解成数字部分(尾数)x 和以 2 为底的指数 n，即 val=$x*2^n$，n 存放在 eptr 指向的变量中	返回数字部分 $(0.5 \leqslant x < 1)$	
log	double log(double x);	求 $\log_e x$,即 $\ln x$	计算结果	
log10	double log10(double x);	求 $\log_{10} x$	计算结果	
modf	double modf(double val, double *iptr);	把双精度数 val 分解为整数部分和小数部分，把整数部分存到 iptr 指向的单元	val 的小数部分	
pow	double pow(double x, double y)	计算 x^y 的值	计算结果	
rand	int rand(void);	产生 0 到 32767 之间的随机整数	随机整数	
sin	double sin(double x);	计算 $\sin(x)$ 的值	计算结果	x 单位为弧度
sinh	double sinh(double x);	计算 x 的双曲正弦函数 $\sinh(x)$ 的值	计算结果	
sqrt	double sqrt(double x);	计算 $\sqrt{x}$ 的值	计算结果	x 应该 $\geqslant 0$
tan	double tan(double x);	计算 $\tan(x)$ 的值	计算结果	x 单位为弧度
tanh	double tanh(double x);	计算 x 的双曲正切函数 $\tanh(x)$ 的值	计算结果	

2．字符函数和字符串函数

头文件：#include <string.h> 或 #include "string.h" （字符串函数）

#include <ctype.h> 或 #include "ctype.h" （字符函数）

函数名	函数原型	功　　能	返 回 值
isalnum	int isalnum(int ch)	检查 ch 是否是字母（alpha）或数字(numeric)	是字母或数字就返回 1；否则返回 0
isalpha	int isalpha(int ch);	检查 ch 是否是字母	是，返回 1；否，返回 0
iscntrl	int iscntrl(int ch);	检查 ch 是否是控制字符（其 ASCII 码在 0～0x1F 之间）	是，返回 1；否，返回 0
isdigit	int isdigit(int ch)	检查 ch 是否是数字字符	是，返回 1；否，返回 0
isgraph	int isgraph(int ch)	检查 ch 是否是可打印字符(其 ASCII 码在 0x21 到 0x7E 之间)，不包括空格	是，返回 1；否，返回 0
islower	int islower(int ch)	检查 ch 是否为小写字母(a～z)	是，返回 1；否，返回 0
isprint	int isprint(int ch)	检查 ch 是否是可打印字符(其 ASCII 码在 0x21 到 0x7E 之间)	是，返回 1；否，返回 0
ispunct	int ispunct(int ch)	检查 ch 是否是标点字符(不包括空格)，即除字母、数字和空格之外的所有可打印字符	是，返回 1；否，返回 0
isspace	int isspace(int ch)	检查 ch 是否为空格、制表符或换行符	是，返回 1；否，返回 0
isupper	int isupper(int ch)	检查 ch 是否为大写字母(A～Z)	是，返回 1；否，返回 0
isxdigit	int isxdigit(int ch)	检查 ch 是否为一个十六进制数学字符（0～9、A～F、a～f）	是，返回 1；否，返回 0
strcat	char *sstrcat(char *strl,char *str2)	把字符串 str2 连接到 str1 后面，str1 后面的'\0'被取消	返回 str1 首地址
strchr	char *strchr(char *str,int ch);	找出 str 指向的字符串中第一次出现字符 ch 的位置	返回指向该位置的指针.找不到则返回 NULL
strcmp	int strcmp(char *str1,char *str2);	比较两个字符串 str1、str2	str1<str2，返回负数；str1=str2，返回 0；str1>str2，返回正数
strcpy	char *strcpy(char *str1,char *str2)	把 str2 指向的字符串拷贝到 str1 中去	返回 str1 首地址
strlen	unsigned int strlen(char *str);	统计字符串 str 中字符的个数(不包括终止符'\0')	返回字符个数
strncat	char *strncat(char *str1,char *str2,int count);	把字符串 str2 中最多 count 个字符连接到 str1 后面	
strncmp	int strncmp(char *str1,char *str2, int count);	比较字符串 str1 和 str2 中最多前 count 个字符	str1<str2，返回负数；str1=str2，返回 0；str1>str2，返回正数
strncpy	char *strncpy(char *str1,char *str2,int count);	将字符串 str2 中最多 count 个字符拷贝到 str1 中	返回 str1 首地址
strset	char *strset(char *buf,char ch,int count);	将 buf 所指向的字符串中的全部字符都设置为 ch	返回 buf 首地址
strstr	char *strstr(char *str1,char *str2);	找出 str2 字符串在 str1 字符串中第一次出现的位置(不包括 str2 的串结束符)	返回该位置的指针。找不到则返回 NULL
tolower	int tolower(int ch);	将 ch 字符转换为小写字母	与 ch 相应的小写字母
Touper	int toupper(int ch);	将 ch 字符转换成大写字母	与 ch 相应的大写字母

3．输入输出函数

头文件：#include <stdio.h> 或者#include "stdio.h"

函数名	函 数 原 型	功　　能	返　回　值
clearerr	void clearer(FILE *fp);	清除文件指针错误指示器	无返回值
close	int close(int fd);	关闭文件	关闭成功返回 0；失败，返回-1
creat	int create(char *filename, int mode);	以 mode 所制定的方式建立文件	成功则返回整数，否则返回-1
eof	int eof(int fd);	检查文件是否结束	遇文件结束，返回 1；否则返回 0
fclose	int fclose(FILE *fp);	关闭 fp 所指定的文件，释放文件缓冲区	有错则返回非 0,否则返回 0
feof	int feof(FILE *fp);	检查文件是否结束	遇文件结束返回非 0，否则返回 0
fgetc	int fgetc(FILE *fp);	从 fp 所制定的文件中取得下一个字符	返回所得到的字符，若读入错误，返回 EOF
fgets	char *fgets(char *buf,int n,FILE *fp);	从 fp 指向的文件读取一个长度为(n-1)的字符串，存入起始地址为 buf 的空间	返回地址 buf，若遇文件结束或出错，则返回 NULL
fopen	FILE *fopen(char *filename,char *mode);	以 mode 指定的方式打开名为 filename 的文件	成功，返回一个文件指针(文件信息区的起始地址)，否则返回 0
fprintf	int fprintf(FILE *fp, char *format,args,...)	把 args 的值以 format 指定的格式输入到 fp 指定的文件中	实际输出字符数
fputc	int fputc(char ch, FILE *fp);	将字符 ch 输出到 fp 指向的文件中	成功返回该字符；否则返回非 0
fputs	int fputs(char *str, FILE *fp);	将 str 指向的字符串输出到 fp 所指定的文件	返回 0，若出错返回非 0
fread	int fread(char *pt,unsigned size, unsigned n,FILE *fp);	从 fp 所指定的文件中读取长度为 size 的 n 个数据项，存到 pt 所指向的内存区	返回所读数据项个数，如文件结束或出错返回 0
fscanf	int fscanf(FILE *fp,char *format,args,...);	从 fp 指定的文件中按 format 给定的格式将输入数据送到 args 所指向的内存单元(args 是指针)	已输入的数据个数
fseek	int fscanf(FILE *fp,long offset,int base);	将 fp 所指文件的位置指针移动到以 base 所指出的位置为基准、以 offset 为位移量的位置	返回当前位置，否则返回-1
ftell	long ftell(FILE *fp);	返回 fp 所指向的文件中的读写位置	返回 fp 所指文件中的读写位置
fwrite	int fwrite(char *ptr,unsigned size, unsigned n,FILE *fp);	把 ptr 所指向的 n*size 个字节输出到 fp 所指向的文件中	写到 fp 文件中的数据项的个数
getc	int getc(FILE *fp);	从 fp 所指向的文件中读入一个字符	返回所读的字符，若文件结束或出错，返回 EOF
getchar	int getchar(void);	从标准输入设备读取下一个字符	所读字符。若文件结束或出错，则返回-1

续表

函数名	函数原型	功能	返回值
getw	int getw(FILE *fp);	从 fp 所指向的文件读取下一个字(整数)	输入的整数。如文件结束或出错，返回-1
open	int open(char *filename,int mode);	以 mode 指出的方式打开已存在的名为 filename 的文件	返回文件号(正数)。如果打开失败，返回-1
printf	int printf(char *format,args,...);	按 format 指向的格式字符串所规定的格式，将输出表列 args 的值输出到标准输出设备	输出字符的个数。若出错，返回负数
putc	int putc(int ch,FILE *fp);	把一个字符 ch 输出到 fp 所指定的文件中	输出的字符 ch。若出错，返回 EOF
putchar	int putchar(char ch);	把字符 ch 输出到标准输出设备	输出的字符 ch。若出错，返回 EOF
puts	int puts(char *str);	把 str 指向的字符串输出到标准输出设备，将'\0'转换为回车换行	返回换行符。若失败，返回 EOF
putw	int putw(int w, FILE *fp);	将一个整数 w 写到 fp 指向的文件中	返回输出的整数，若出错，返回 EOF
read	int read(int fd,char *buf,unsigned count);	从文件号 fd 所指示的文件中读 count 个字节到由 buf 指示的缓冲区中	返回真正读入的字节个数。如遇文件结束返回 0，出错返回-1
remove	int remove(char *filename);	删除由 filename 指定的文件	成功返回 0，出错返回-1
rename	int rename(char *oldname, char *newname);	把由 oldname 所指出的文件名，改为由 newname 所指的文件名	成功返回 0，出错返回-1
rewind	void rewind(FILE *fp);	将 fp 指示的文件位置指针置于文件开头位置，并清除文件结束标志和错误标志	无返回值
scanf	int scanf(char *format,args,...);	从标准输入设备按 format 指向的格式字符串所规定的格式输入数据给 args 所指向的单元	读入并赋给 args 的数据个数。遇到文件结束返回 EOF，出错返回 0
sprintf	int sprintf(char *buf, char *format,args,...);	按 format 指向的格式字符串所规定的格式，将输出表列 args 的值转换为字符串存放在 buf 指定的缓冲区中	返回放入 buf 的字符的个数
write	int write(int fd,char *buf,unsigned count);	从 buf 指示的缓冲区输出 count 个字符到 fd 所标志的文件中	返回实际输出的字节数。如出错返回-1

4．动态存储分配函数

ANSI 标准建议设 4 个有关的动态存储分配的函数，即 calloc()、malloc()、free()、recalloc()。实际上，许多 C 编译系统实现时，往往增加了一些其他函数。ANSI 标准建议在"stdlib.h"头文件中包含有关的信息，但许多 C 编译器要求用"malloc.h"而不是"stdlib.h"。读者在使用时应查阅有关的手册。

ANSI 标准要求动态分配系统返回 void 指针。void 指针具有一般性，它们可以指向任何类型的数据。但目前有的 C 编译器所提供的这类函数返回 char 指针。无论以上两种情况的哪一种，都需要用强制类型转换的方法把 void 或 char 指针转换成所需要的类型。

函数名	函数和形参类型	功　能	返　回　值
calloc	void *calloc(unsigned n,unsign size);	分配 *n* 个数据项的内存连续空间，每个数据项的大小为 size	分配内存单元的起始地址。如不成功，返回 0
free	void free(void *p);	释放 p 所指向的内存区	无返回值
malloc	void *malloc(unsigned size);	分配 size 字节的存储区	所分配的内存区地址,如内存不够，返回 0
realloc	void *realloc(void *p,unsigned size);	将 f 所指出的已分配内存区的大小改为 size。size 可以比原来的分配空间大或小	返回指向该内存区的指针

参 考 文 献

[1] 谭浩强. C程序设计（第四版）. 北京：清华大学出版社，2010.
[2] 谭浩强. C程序设计（第三版）. 北京：清华大学出版社，2005.
[3] 李秉璋，李红卫. C程序设计与训练. 大连：大连理工大学出版社，2011.
[4] 宗大华，陈吉人. C语言程序设计教程（第二版）. 北京：人民邮电出版社，2008.
[5] 国家863中部软件孵化器. C语言从入门到精髓. 北京：人民邮电出版社，2010.
[6] 明日科技，王娣，安剑，孙秀梅. C语言程序开发范例宝典. 北京：人民邮电出版社，2010.